U0266136

岩石局部化破坏及结构
稳定性理论研究

Theoretical Study of Localized Failure and
Structural Stability of Rocks

王学滨　潘一山　著

科学出版社

北京

内 容 简 介

本书主要介绍了以下三方面的理论研究：微结构效应引起的局部化带物理、力学量的非均匀性研究；拉伸、压缩及剪切条件下局部破坏试样的峰后变形及能量消耗研究；拉伸、压缩及剪切条件下局部破坏试样的结构稳定性研究。

本书可供从事岩石力学、工程力学、土木工程、岩土工程、采矿工程等研究和应用的科研人员参考。

图书在版编目(CIP)数据

岩石局部化破坏及结构稳定性理论研究=Theoretical Study of Localized Failure and Structural Stability of Rocks /王学滨，潘一山著.—北京：科学出版社，2018.6

　　ISBN 978-7-03-058113-6

　　Ⅰ.①岩… Ⅱ.①王… ②潘… Ⅲ.①岩石破坏机理–研究 ②岩石–结构稳定性–研究 Ⅳ.①TU45

中国版本图书馆CIP数据核字(2018)第134731号

责任编辑：李　雪　刘翠娜/责任校对：彭　涛
责任印制：张　伟/封面设计：无极书装

科 学 出 版 社 出版

北京东黄城根北街 16 号
邮政编码：100717
http://www.sciencep.com

北京九州迅驰传媒文化有限公司 印刷
科学出版社发行　各地新华书店经销

*

2018 年 6 月第　一　版　开本：720 × 1000 1/16
2018 年 6 月第一次印刷　印张：14 1/4
字数：280 000

定价：98.00 元
(如有印装质量问题，我社负责调换)

序 一

应变局部化是指材料在变形、破坏过程中，较高的塑性应变集中于狭窄区或有限区的现象，它先于宏观裂纹出现，引导着宏观裂纹扩展，是一种重要的破坏前兆信息。应变局部化、剪切带、应变软化及稳定性等问题一直是国际固体力学、岩土力学及地质科学等领域备受关注的问题之一。此项研究有重要意义。

该书主要从三方面讨论了应变局部化问题：(1)通过局部化带的塑性应变、孔隙度等的分布规律分析，讨论了局部化带的演变规律；(2)通过局部化带的拉伸、压缩及剪切变形分析，讨论了局部化带-带外弹性体系统的峰后变形及能量消耗，进而探讨了影响因素；(3)研究了试样-试验机系统的稳定性，其中，着重讨论了轴向和侧向快速回跳之间的关系、轴向与侧向变形的稳定性及试样的稳定性等问题。

书稿的亮点表现为：(1)深入探讨了试样-试验机系统的快速回跳与局部化带-带外弹性体系统失稳之间的关系。并且提出，试样-试验机系统的Ⅱ类变形行为条件就是这一系统的失稳判据；(2)著者提出系统失稳判据可以表示成一个统一的形式，是否失稳，取决于局部化带和带外弹性体的本构参数、结构的等效高度及破坏区域的尺寸四种因素之间的对比。

岩石工程的破坏往往具有突发性和雪崩性，属于力学上的稳定性问题。限于历史和技术原因，以往的分析都从强度出发，不能正确评价岩石工程的潜在风险。该书著者从稳定性出发，开展了大量创新性的研究工作。著者汇集和整理了已经公开发表的论文，补充了新的进展和认识，并使之得到了进一步凝练、提升和系统化。书稿逻辑缜密，概念清晰，是一部讨论岩石失稳问题的重要参考书，有关内容得到了同行们的重视和认可。

2018 年 3 月

序　二

　　岩石变形破坏孕育过程中的应变局部化和失稳破坏研究是近 30 年来国际固体力学、岩石力学等领域具有重大和深远意义的研究热点。

　　该书主要研究了岩石应变局部化、剪切带、尺寸效应及稳定性问题，这些问题不仅是非线性岩石力学研究的难点，也是传统固体力学中的核心研究课题，这些问题的解决可能需要几代人的艰苦努力。

　　王学滨教授和潘一山教授合作撰写的著作《岩石局部化破坏及结构稳定性理论研究》汇聚了著者十几年来在非线性岩石力学方面的研究成果和最新认识，反映了当前岩石力学的发展水平。

　　该书对岩石应变局部化、剪切带、尺寸效应及稳定性方面的研究成果进行了较全面的评述，紧密地把握了国际上研究的热点，系统地介绍了著者在该领域的创新成果，突出了著者的特色。

　　著者在深入思考的基础上，成功开展了与岩石峰后变形有关的多个问题的研究，建立了多个力学模型，既简单而又抓住了问题的实质，推演了系列的相关解析解，并解释了许多疑难现象。该书研究方法多样，多种方法的结果相互印证和补充；力学概念清楚，公式推导简洁；结果可靠。

　　《岩石局部化破坏及结构稳定性理论研究》是岩石力学领域的一本力作，对于相关领域的研究人员和工程技术人员相信会有很大的参考价值，会受到广泛的好评与欢迎，希望早日出版。

赵瑞斌

2018 年 3 月

前　　言

就像人生走到终点时很少看到各器官全部衰竭的情况一样，加载条件下岩石、混凝土试样的破坏也不是各处均匀的，而是局部的。这样，试样将由破坏区和非破坏区构成，形成一个系统或结构，其宏观力学行为与破坏之前迥异。

强度和破坏的概念已深入人心，而稳定性的概念常被误用。在浩如烟海的岩石力学相关著作中，真正涉及岩石结构稳定性的专著仅寥寥几本。本书针对岩石局部破坏及结构稳定性问题开展理论研究，采用非经典弹塑性理论中的梯度塑性理论描述局部化带内的物理、力学量(应变、孔隙密度等)的不均匀分布，采用多种力学分析方法(例如，能量原理、能量守恒原理、位移法、快速回跳法等)分析由应变局部化带及带外弹性体构成的系统的力学行为，例如，应力-应变曲线、稳定性、尺寸效应等。

本书的主要内容是第一著者在攻读硕士和博士期间及之后在第二著者潘一山教授悉心指导下完成的，全部内容都发表在国内外的各种期刊上。以上述内容为主，第一著者撰写的博士论文获得了辽宁省优秀博士论文和全国百篇优秀博士论文提名论文。值此本书出版之际，著者对各部分内容进行了系统的梳理和修订，使各部分内容相互协调和统一，也增加了对有关问题的进一步认识和理解。

本书中的各种理论结果的正确性能得到一定程度保证，著者试图寻找相关的实验和数值结果进行验证。众多的严格推导出的解析式深刻地揭示了影响岩石局部破坏和结构稳定性的决定性因素，丰富了人们的认识和理解。一些失稳判据通过和数值计算技术相结合，可应用于实际，具有重要的实用价值。

本书的特点在于针对岩石局部破坏及结构稳定性问题开展了严格的理论分析，这区别于国内外已出版的岩石力学专著。

本书内容可概括为 3 大方面：(1)微结构效应引起的局部化带物理、力学量的非均匀性研究，包括第 2 章和第 5 章等章节；(2)拉伸、压缩及剪切条件下局部破坏试样的峰后变形及能量消耗研究，包括第 4 章、第 7 章、第 10 章等章节；(3)拉伸、压缩及剪切条件下局部破坏试样的结构稳定性研究，包括第 3 章、第 8 章、第 12 章等章节。

感谢博士生董伟、马冰、白雪元，硕士生侯文腾、芦伟男、张博闻、祝铭泽、曹思雯、舒芹、郭长升等为本书的成稿承担了大量的细致、繁琐的工作。

限于著者的水平，书中难免有些许疏忽，敬请批评指正。

王学滨

2018 年 1 月

目　　录

第1章 绪 论

1.1 背景和意义

岩石及混凝土等地质体材料在应力峰之后一般呈现应变软化行为，除非围压非常高时。由地质体材料构成的结构突然发生破坏、失稳的现象广泛存在于多种工程实践中，例如，在水电、铁道建设及运行中会遇到地下洞室岩爆、滑坡等灾害；在矿山开采中会遇到冲击地压、煤和瓦斯突出及突水等灾害；在军事领域中会遇到地下掩体破坏；在石油开采中会遇到井壁崩裂坍塌等灾害。这些灾害的发生会严重影响经济建设和能源工业的健康发展，会造成巨大的财产损失和重大的人员伤亡。据不完全统计，上述各种地质灾害每年给国民经济造成的损失高达200亿元。

近年来，应变局部化、剪切带、应变软化及稳定性等问题一直是国际固体力学、岩土力学及材料科学等领域的热点研究问题。描述岩土介质真实破坏过程的理论虽然起步不久，但对判断岩土工程的失稳与破坏起着重大的作用，因而必将成为岩土塑性理论中的重要组成部分(郑颖人等，2002)。沈珠江(2000)指出，现代土力学的三个理论之一为渐进破坏理论，即描述载荷增加情况下土体真实破坏过程的理论；它的建立可能要运用损伤力学、细观力学和分叉理论等现代力学分支，最后要完成对应变软化问题和剪切带形成过程的数学模拟。王思敬(2002)提出了 21 世纪我国岩石力学与工程学科主攻的五个问题之一是岩石力学从工程岩体稳定性研究向极端灾害的非线性动力过程的预测及防治进军。他指出，"高烈度地震、巨型山崩、滑坡、泥石流、大型矿山的塌陷等从孕育、形成、发展到成灾的非线性系统动力学过程和时间预测将是重大的研究难题"。

谢和平等(1996)在《关于 21 世纪岩石力学发展战略的思考》一文中对岩石的变形、破坏及稳定性问题给予了较多的关注。该文指出，"岩石破坏后的应变软化特性以及变形失稳过程不仅是岩石力学非线性本构研究的难点，也是传统固体力学中的核心研究课题。"；"因此，传统的唯象学本构理论在岩石应变软化区的应用遇到了极大的理论困难。"；"岩石应变软化的发生通常伴随着岩石损伤、破坏以及应变局部化的结果，岩石试样将由均匀变形向局部变形、无序破坏向有序破坏、由宏观均质向宏观非均质转化。";"因此,如何准确描述岩石的应变软化特性已是岩石力学研究的难题。这需要运用先进的和新的测量技术与方法……进行详细、系统的细宏观力学实验研究,并将非局部理论、微极理论以及高应变梯度理论用于岩石塑性与黏塑性、剪切应变局部化与岩石失稳过程的描述,依此发展新的岩石力学本构理论。细观力学实验研究与理论,不仅是当今固体力学的重要研究方向,也将为揭示岩石非线性特性本质,尤其是岩石破坏前后(软化)力学特性的准确描述提供理论,方法与工具,对岩石的非线性本质、岩石破坏与失稳有更深层次的认识,以便正确定量描述岩石破坏过程中的非均质性,岩石的固有缺陷对岩石破坏与失稳非唯一性的影响……";"岩土工程失稳的研究是岩石力学研究的难点之一,……然而,随着岩土工程的迅速发展和研究工作的不断深入,人们仍然发现了许多传统理论难以解释的现象和难以解决的困难,这些问题从理论到实践均未彻底解决,例如,岩土工程失稳与破坏的多样性,非唯一性和随机性;理论模型的计算结果与工程实际相差很大……";"事实上,岩土工程失稳是一个相当复杂的过程,通常伴随着变形的非均匀性、非线性和大位移等特点,是一个高度非线性科学问题,促使人们必须解决岩石材料稳定性与唯一性问题。";"若出现不稳定的解,则岩土工程就会出现局部剪切带和裂隙带破坏与失稳或发生大变形屈服失稳。";"岩石破坏失稳是一个过程。系统由稳定到非稳定状态的突变具有某种前兆信息。应深入研究识别系统发生突变的前兆信息的方法和测量手段,建立判断岩体失稳的力学准则,包括失稳的空间预报和时间预报。"。

材料的破坏与尺寸效应密切相关。就岩石力学与工程而言,尺寸效应或尺度律的重要性是众所周知的(王可钧,2000)。Bažant 和 Chen(1999)在其评述文章的开头就指出,尺度律是一切物理理论中最重要的方面;若不清楚尺度律,则物理理论本身也是难以理解的;因此,在很多物理和工程问题中,尺度律问题占其中心位置就不足为奇了。Bažant 和 Chen(1999)在其评述文章的最后指出,准脆性材料的尺度律问题是损伤力学的一部分,虽然已经知道了很多,但是看起来损伤力学也是难以对付的问题;它的难度可能和湍流一样,需要很长时间才能完全解决。

总之,深入研究应变软化材料(岩石及混凝土等)的应变局部化、变形特征、尺寸效应及结构稳定性等问题,对完善现有的理论框架及成功指导工程实践都有重要的意义。

1.2　地质体材料的局部化破坏及研究方法

1.2.1　应变局部化存在的广泛性

通常，地质体材料会发生局部化破坏。局部化破坏是和均匀破坏相对立的概念。局部化破坏是指材料的破坏发生在狭窄区，而非广大区。材料最终发生宏观断裂往往是以局部化破坏为先导的。也就是说，局部化破坏可以看作材料最终宏观断裂的一种前兆。

应变局部化又称为变形局部化，是指材料在变形、破坏过程中，较高的塑性应变集中于狭窄区的现象。根据所集中的塑性应变的类型，可以将应变局部化划分为剪切应变局部化、拉伸应变局部化及压缩应变局部化。相应地，局部化破坏可以划分为局部剪切破坏、局部拉伸破坏及局部压缩破坏。

剪切应变局部化区一般称为剪切带。剪切带具有一定的宽度，这与塑性力学中的滑移线有所不同。可以认为，滑移线是剪切带的进一步抽象。剪切带宽度与材料颗粒直径有关，也受其他因素的影响，例如，扩容及围压(侧向应力)等。

剪切带几乎可以在各种材料的变形、破坏过程中被观测到，例如，黑色金属、有色金属、聚合物、合金[钛合金(图 1-1)、铝-锂合金(图 1-2)、金属玻璃等]、岩石、土(图 1-3)、煤(图 1-4)、混凝土及陶瓷等。

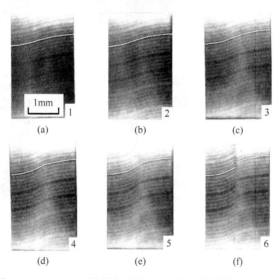

图 1-1　Ti-6Al-4V 的均匀变形(a)、应变局部化(b~e)直至宏观剪切断裂(f)的整个过程(Liao and Duffy，1998)

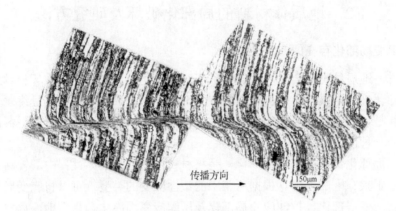

图 1-2　铝-锂合金的应变局部化(Xu et al., 2001)

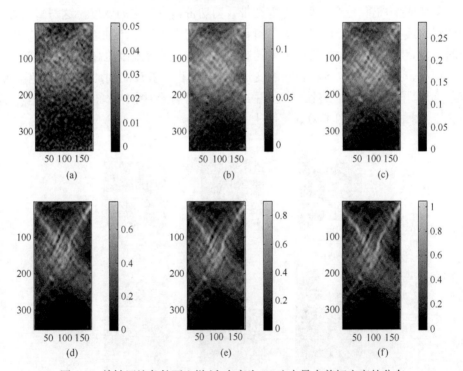

图 1-3　单轴压缩条件下土样(含水率为 14.7)中最大剪切应变的分布
及演变(王学滨等, 2014)

(a)至(f)纵向应变 ε_a 分别为 0.01、0.03、0.07、0.15、0.16 及 0.17

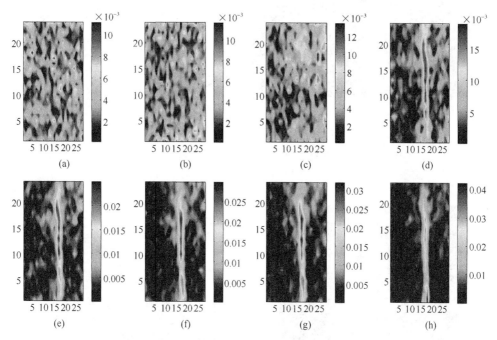

图 1-4　以最大剪切应变表征的单轴压缩条件下煤样中最大剪切应变的分布及演变

(a)至(h)分别是根据拍摄的第 2875、3275、3529、3530、3545、3565、3575 及 3578 张图像计算
得到的结果，(a)和(h)的纵向应变 ε_a 分别为 0.0032 和 0.0612，由于每秒拍摄的图像
数目一定，由此可计算出任一张图像的纵向应变

　　在人造堤坝、地基(图 1-5)、挡土墙等地质构造物中，常可以观测到剪切带。此外，在巷道及采场围岩(图 1-6)、矿柱(图 1-7)、井壁、边坡(图 1-8)中，也可以观测到剪切带。剪切带不仅存在于单相固体之中，也存在于多孔介质之中。

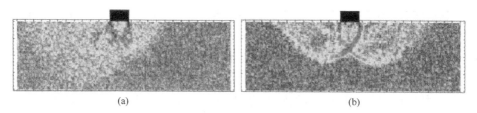

图 1-5　以最大剪切应变表征的地基的非均匀变形(Michalowski and Shi，2003)

(a)变形前期；(b)变形后期

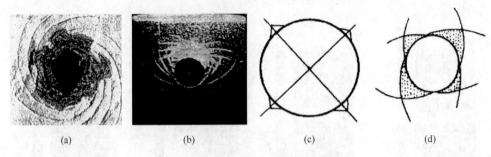

(a)　　　　　　　　　(b)　　　　　　　　　(c)　　　　　　　　　(d)

图 1-6　巷道或隧洞围岩的剪切破坏

(a) van den Hoek (2001)；(b) Kachanov (1971)；(c) 陆家佑和王昌明 (1994)；
(d) Ortlepp 和 Stacey (1994)

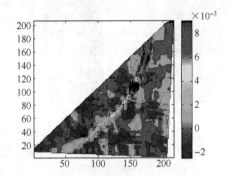

图 1-7　矿柱的剪切破坏

(Mokgokong and Peng, 1991)

图 1-8　以水平线应变表征的边坡的剪切带

(王来贵等, 2012)

　　剪切带几乎可以在各种实验中被观测到，例如，直接剪切实验、常规三轴实验、真三轴实验、平面应变压缩实验、单轴压缩实验、扭转实验、弯曲实验、离心实验及扩孔实验等。

　　巷道围岩分区破裂化是矿山进入深部开采后观察到的新现象 (钱七虎, 2004)。这一问题的研究对于巷道尺寸、支护条件及爆破参数的确定以及岩爆的预防等都有重要的意义。现场观测表明，巷道围岩的破裂区被未破裂区包围，未破裂区又被更大的破裂区包围，依此类推。也就是说，巷道围岩的破裂区和未破裂区围绕巷道，交替出现 (图 1-9)。这一独特的现象打破了对于巷道围岩破坏的常规理解 (认为巷道围岩中至多只有一个破裂区)，也不同于巷道围岩在垂直于巷道轴线平面上发生剪切破坏 (图 1-6) 的情形。从应变局部化的角度看，破裂区在破裂之前可视为应变局部化区，可能是剪切应变局部化区，也可能是拉伸应变局部化区，未破裂区可视为弹性区。

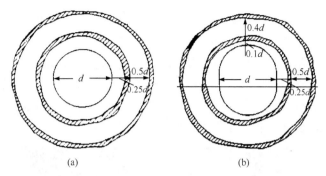

图 1-9　深部巷道围岩的分区破裂化现象(Shemyakin et al., 1987)

(a)圆形巷道；(b)椭圆形巷道

在多孔岩石中，可以观测到压密带。压密带内具有明显的压缩现象，包括颗粒破坏和孔隙压缩，而压密带外颗粒基本未破坏(王宝善等，2004)。从应变局部化的角度看，压密带属于压缩应变局部化带。

应变局部化现象在不同的尺度或层次上都普遍存在。在位错层次上，可以观测到位错胞格、位错墙(白以龙，1995)。在宏观层次上，可以观察到剪切带及其网络(白以龙，1995)。构造地质领域中的韧性剪切带、脆性剪切带及半脆性剪切带、采矿工程中的小断层、巷道围岩中的破裂带及边坡的滑动带等都是工程尺度上的应变局部化衍生的复杂现象。在更大的地壳块体尺度上，地震线的等间距现象(王嘉荫，1963)、地壳破裂网络(丁国瑜和李永善，1979)、洋底断裂带(孙广忠，1988)、地震的条带状和网络状分布(王绳祖，1993)、地震活动增强区(宋治平等，1999)、强震活动主体地区(陶玮等，2000)、地壳形变场演化过程的非均匀性(周硕愚等，1997)等的形成都和应变局部化密切相关。

1.2.2　应变局部化的研究方法

为了深入研究剪切带内外的微结构特征及演变、剪切带花样(或图案)的演变、试样的破坏模式、剪切带的宽度(或厚度)及倾角、剪切带内外的应变、位移、孔隙比、密度、体积应变的分布及演变，研究人员已经使用了多种观测技术和手段，例如，CT 技术、数字照相技术、数字图像相关方法、声发射技术、电磁辐射技术及热红外辐射技术等。数字图像相关方法由于具有便于实时观测、对测量环境要求低、设备低廉等优点，可以方便地获取试样表面的位移及应变分布规律，在岩土材料剪切带研究中发挥了重要的作用(李元海等，2004；马少鹏等，2006；邵龙潭等，2006；宋义敏等，2011；王学滨等，2012a，2012b，2013a，2013b，2015)。

到目前为止，多种理论和方法已被用于剪切带的分析。在理论分析方面，主要包括：针对各种本构模型的分叉分析、基于小扰动方法的稳定性分析、基于黏塑性理论的剪切带的应变及变形分析、基于微极理论的剪切带宽度分析、基于梯度塑性理论的剪切带宽度及剪切带的应变率分析等。

在数值分析方面，主要采用有限元法、离散元法(包括颗粒流方法)和有限差分法进行剪切带分析。采用边界元和无网格方法进行剪切带分析也有一些文献报道。图 1-10～图 1-13 是采用有限差分法得到的数值结果，巷道围岩的应变局部化和分区破裂化的数值结果能与有关的实验结果(图 1-6 和图 1-9)吻合。

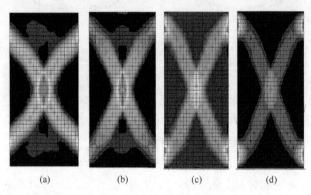

图 1-10　平面应变单轴压缩条件下孔隙压力对试样剪切带图案的影响(王学滨等，2001a)

(a)孔隙压力=0；(b)孔隙压力=0.1MPa；(c)孔隙压力=0.15MPa；(d)孔隙压力=0.17MPa

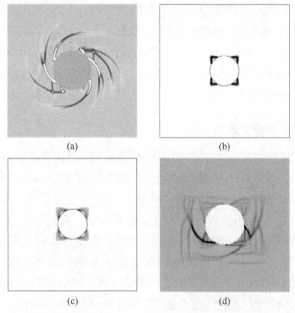

图 1-11　巷道围岩的应变局部化的数值模拟结果

(a)是本书第一著者的计算结果，未公开发表；(b)至(c)王学滨等(2010a)；(d)王学滨等(2010b)

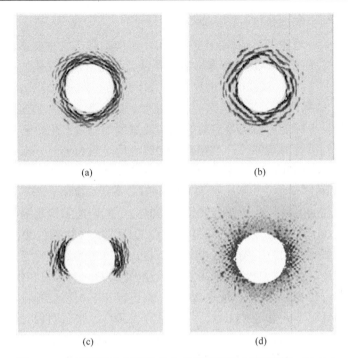

图 1-12　巷道围岩的板裂化的数值模拟结果(王学滨等，2012c)

(a)静水压力条件下小颗粒模型的环向应力分布；(b)静水压力条件下大颗粒模型的环向应力分布；(c)非静水压力条件下小颗粒模型的环向应力分布；(d)非静水压力条件下小颗粒模型的最大剪切应变增量分布

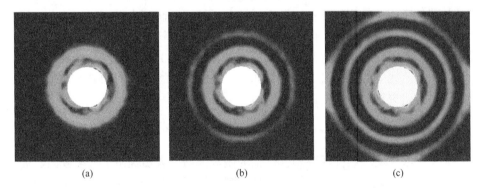

图 1-13　巷道围岩的分区破裂化的数值模拟结果(王学滨等，2012d)

(a)至(c)为第 1 至 3 次开挖后三维模型底面上的剪切应变增量分布

　　为了克服基于经典弹塑性理论的数值结果的网格敏感性缺陷，可以选用微极塑性理论、非局部理论、梯度塑性理论和黏塑性理论以引入内部长度。自适应技术、强(或弱)非连续形式的假设应变方法及复合体理论也被用于剪切带分析。此外，也有研究人员采用广义孔隙压力理论、非共轴理论、损伤理论、状态相关理论及广义塑性理论等理论进行剪切带分析。

现有的实验、理论及数值模拟结果表明,对剪切带产生重要影响的因素主要包括:材料的性质(例如,疏松程度、各向异性、非均匀性、缺陷的尺寸及位置以及试样的制备方法等)、试样的几何尺寸(例如,高度、宽度、厚度及高宽比)及实验条件(例如,边界摩擦、侧向压力、加载速度、排水条件及孔隙压力等)。另外,观测手段的差异也可能对剪切带启动的识别及宽度的测量产生影响。

在国内,刘祖德等(1986)、李锡夔(1995)、邱金营(1995)、宋二祥(1995)、李锡夔和 Cescoto(1996)、蒋明镜和沈珠江(1998)、刘夕才(1997)、沈珠江(1997,2000)、尹光志和鲜学福(1999)、张我华(1999)、李蓓(2000),李蓓等(2002)、张洪武和张伟新(2000)、董建国等(2001a,2001b)、刘斯宏和徐永福(2001)、潘一山和杨小彬(2001,2002)、孙红和赵锡宏(2001)、徐松林等(2001)、张洪武等(2001)、潘一山等(2002)、杨强等(2002)、赵吉东等(2002)、曾亚武等(2002)、刘元高等(2003)、钱建固和黄茂松(2003)、钱建固(2003)、赵锡宏和张启辉(2003)、张启辉和赵锡宏(2002)、周健和池永(2003)、蔡正银和李相菘(2004)、陈刚(2004)、冯吉利等(2004)、李元海等(2004)、赵纪生等(2004)、张东明(2004)、黄茂松和钱建固(2005)、刘继国和曾亚武(2005)、刘金龙等(2005)、李育超等(2005)、鲁晓兵等(2005)、沈新普等(2005)、徐连民(2005)、徐涛等(2005)、赵冰等(2005)、邵龙潭等(2006)、黄茂松等(2008)、宋义敏等(2011)、甄文战等(2011)、喻葭临等(2012)及曾亚武等(2012)已经从不同角度研究了地质体材料的剪切带问题或开展了与剪切带相关的研究工作,取得了较多、较好的研究成果。

鉴于刘祖德等(1986)、蒋明镜和沈珠江(1998)、李蓓(2000)、沈珠江(2000)、钱建固(2003)、赵锡宏和张启辉(2003)、李元海等(2004)、陈刚(2004)、张东明(2004)、刘金龙等(2005)及赵冰等(2005)已经较好地评述了剪切带的实验、理论及数值模拟研究进展,故在此不再赘述。

1.2.3 梯度塑性理论的特点

为了克服经典连续介质弹塑性理论的困难,研究人员提出了许多修改、完善及推广的方法。最有前景的方法之一是梯度塑性理论(Fleck and Hutchinson,1993;Zbib and Aifantis,1989;Mühlhaus and Aifantis,1991;de Borst and Mühlhaus,1992;Pamin and de Borst,1995;Li and Cescotto,1996;Askes et al.,2000;Gao et al.,1999;Kuhl et al.,2000;Zhang and Schrefler,2000;Shi et al.,2000;Peerlings et al.,2001;Zervos et al.,2001)。梯度塑性理论有多种类型,例如,唯象的应变梯度塑性理论(Fleck and Hutchinson,1993)、基于机制的应变梯度塑性理论(Gao et al.,1999;Shi et al.,2000)及不具有功共轭的应变梯度塑性理论等。本书仅关注

最后一种应变梯度塑性理论，这一理论主要是由 Zbib 和 Aifantis(1989)、Mühlhaus 和 Aifantis(1991)及 de Borst 和 Mühlhaus(1992)提出并发展的。在该理论中，有效应变的二阶拉普拉斯算子被引入到屈服函数之中。

梯度塑性理论是非局部理论(Erigen and Edelen，1972；Pijaudier-Cabot and Bažant，1987)的特例。和经典弹塑性理论相比，梯度塑性理论具有以下几点优越性：

其一，在屈服函数中引入应变梯度，为了量纲平衡的需要，还需要同时引入内部长度或特征尺度(黄克智等，1999)。这样，本构方程就具有了长度量纲，针对应变软化问题的数值结果就不再有"负刚度"问题，刚度矩阵总是正定的，控制方程总是适定的。总之，从数学角度而言，非常有必要引入内部长度。

其二，在基于经典弹塑性理论的数值计算中，若网格划分过密，则应变局部化部位的能量逸散将被错误地估计为零，此时数值结果不再具有正确的物理意义(李锡夔，1995)。引入应变梯度后，数值结果的病态网格依赖性基本消失，应变局部化带尺寸及能量耗散等的数值结果基本不随着网格的尺寸、形状而改变。总之，从计算的角度而言，非常有必要引入内部长度。

其三，实质上，内部长度描述了非均质材料的微结构效应，即微小结构之间的相互影响及作用。需要指出，这种微小结构之间的相互影响和作用仅在应变软化区(应变局部化带内部)发挥作用，在应变局部化带外部或在弹性阶段将不起作用(非局部弹性效应忽略不计)。由于不同材料平均颗粒直径通常不同，因此不同材料微小结构的影响范围通常不同。和具有精细微小结构的材料相比，具有粗糙微小结构的材料微小结构之间的相互影响范围要大一些。这样，具有粗糙微小结构的材料的应变局部化带宽度将较大。总之，从物理角度而言，也非常有必要引入内部长度。

其四，在岩石峰后变形及稳定性等问题研究中，需要明确应变局部化带的宽度，这样，在理论上可以得到应变局部化带的位移(等于应变局部化带的宽度乘以平均应变)。总之，从峰后变形及失稳问题研究的需要出发，非常有必要引入内部长度。

梯度塑性理论是经典弹塑性理论的推广和完善方法之一。常规做法是将非局部塑性应变替代经典弹塑性理论中的塑性应变，这样，可在经典弹塑性理论的框架之内考虑应变梯度效应，而不必对业已比较完善的经典弹塑性理论的基本框架进行摒弃。非局部塑性应变的关系式可以由非局部理论严格地推导出，不能认为引入应变梯度仅是为平衡量纲的需要。非局部理论的实质是考虑了非均质材料微小结构之间的相互影响和作用。微结构效应仅在应变局部化带内部才起作用，应变局部化带外部弹性体的本构关系仍采用经典弹性理论来描述。通常认为内部长度和材料的平均颗粒直径有关，材料的质地越均匀，其值越小。

正因为梯度塑性理论采用内部长度来考虑非均质材料的微结构效应，所以，在准脆性材料的变形、破坏及相关问题研究中才会具有吸引力。

1.3　地质体材料试样的峰后变形

1.3.1　I 及 II 类变形行为及破坏模式

岩石和混凝土同属于准脆性材料。通常，单轴压缩条件下此类材料试样的应力先是随着轴向应变的增加而增加，当应力达到最大值后，应力开始下降，试样呈现应变软化行为。峰后的应力-应变曲线可以划分为两种类型(Wawersik and Fairhurst，1970)：I 类变形行为及 II 类变形行为。对于 I 类变形行为，随着应力的降低，应变增加；对于 II 类变形行为，随着应力的降低，应变也降低。因此，岩石的破坏也可以划分为 I 类破坏及 II 类破坏(Wawersik and Fairhurst，1970；吴玉山和林卓英，1987)。I 类破坏为稳定断裂传播型。在峰后，试样所存储的变形能不足以使试样中的裂纹继续扩展，只有继续做功，才能使试样的变形或破裂进一步发展。II 类破坏为非稳定断裂传播型。它的特点是，在峰后，尽管试验机不再对试样做功，但试样释放的能量能使试样中的裂纹继续发展。

在土木工程中，岩石力学中的 II 类变形行为一般称为快速回跳(snap-back)，而 I 类变形行为称为快速回折或通过(snap-through)。

快速回跳现象不仅可在单轴压缩实验中出现，在单轴拉伸实验、扭转实验及梁的弯曲实验中也会出现。

在单轴压缩条件下，准脆性材料试样的破坏形式比较复杂。通常认为，多数破坏是与轴向近乎平行的劈裂破坏。尤明庆(2000)通过对 50 多个单轴压缩破坏试样的仔细观察，将最终破坏模式归于 5 种。比较常见的破坏模式是轴向劈裂与倾斜的剪切破裂共存，试样完全由单一断面剪切滑移而破坏的情形较少。他强调指出，若试样沿轴向破裂成相互脱离的两块，则以两个试块并联体的形式完全能够继续承载轴向载荷。他进一步指出，破坏和承载能力丧失是两个不同的概念，只有材料的剪切破坏才能引起承载能力的降低。作者比较赞同这些观点。因此，在分析岩石及混凝土试样软化段轴向变形特征时未考虑轴向劈裂。

当然，在单轴压缩条件下，准脆性材料试样单纯发生剪切破裂的例子也并不少见，可在许多国内外文献中(Wong，1982；Okubo and Nishimatsu，1985；Labuz and Biolzi，1991；尤明庆，2000；杨圣奇等，2005)发现。

1.3.2　峰后应力-应变曲线的尺寸效应

尺寸效应也称为尺度效应，是指通过测量得到的不同尺寸试样的力学参数或行为存在差异的现象。在岩石力学中,许多参数都有尺寸效应,例如,弹性模量、泊松比、强度(包括抗压强度、抗拉强度及抗剪强度等)、断裂韧性、断裂能及峰后应力-应变曲线软化段的斜率等。广义的尺寸效应包括高度效应(形状效应)及狭义的尺寸效应(Hudson et al., 1972)。高度效应是指横截面面积相同而高度不同的试样的力学参数及行为存在差异的现象。狭义的尺寸效应是指高宽比(或长径比)相同而体积不同的试样的力学参数及行为存在差异的现象。

迄今为止,人们关于强度的尺寸效应研究得最多,并试图从多种角度解释强度的尺寸效应。例如,有研究人员认为,强度的尺寸效应是假象,是由非均质性、结构效应、端面约束及综合的平均效应(尤明庆,2000;杨圣奇和徐卫亚,2004)等原因造成的。

Bažant 和 Chen(1999)对准脆性材料试样的尺寸效应进行了系统的评述,重点讨论了三种主要类型的尺寸效应:由强度随机性引起的统计尺寸效应、能量释放的尺寸效应及由微裂纹或断裂的分形特征可能引起的尺寸效应。但是,对强度的尺寸效应给予了特别的关注,而对峰后软化段的尺寸效应几乎未涉及。

不同高度岩石或混凝土试样应力-应变曲线软化段不相同的实验结果最早是由 Hudson 等(1972)报道的。他们未采取措施降低试样与试验机压头之间的摩擦力。因而,很可能,端面约束掩盖了真正的尺寸效应。随后,国内外许多研究人员(van Mier, 1984, 1986; Desai et al., 1990; Labuz and Biolzi, 1991; Choi et al., 1996; van Vliet and van Mier, 1996; Jansen and Shah, 1997; van Mier et al., 1997; 尤明庆,2000;周国林等,2001;潘一山和魏建明,2002;杨圣奇等,2005)均报道了类似的实验结果:试样的高度越高,则软化段曲线越陡峭;当高度非常高时,会出现 II 类变形行为。因此,通过测量得到的软化段的斜率不应该被视为材料的本构参数,而应该属于试样(或结构)的响应。

为了解释试样应力-应变曲线软化段的尺寸效应,人们已经提出了许多力学模型,例如,弹簧模型、直杆模型和剪切破坏模型等。

Krajcinovic 和 Silva(1982)提出的并联杆模型不能模拟 II 类变形行为。He 等(1990)提出的并串联弹簧模型能预测 I 及 II 类变形行为,但不能预测试样高度的尺寸效应。

李宏等(1999)从统计细观和系统结构的观点探讨了岩石的统计尺寸效应和结构尺寸效应。结构尺寸效应在定性上得到了实验验证,而基于细观统计模型的统计尺寸效应与结构尺寸效应的预测结果是相反的。在李宏等(1999)的结构尺寸效应模型中,剪切面没有宽度。

直杆模型主要是由 Hudson 等(1972)、Ottosen(1986)、Bažant(1989)、de Borst 和 Mühlhaus(1992)、Schreyer 和 Chen(1986)、潘一山等(1998b, 1999)、潘一山和魏建明(2002)等提出及发展的。在直杆模型中,破坏区(或应变局部化带)的法

向与轴向一致。因此，直杆模型更适于研究单轴拉伸条件下试样的尺寸效应，不适于研究单轴压缩条件下试样的尺寸效应。在单轴压缩条件下，岩石及混凝土试样通常发生劈裂破坏、剪切破坏或拉、剪联合破坏。

王明洋等(1998)对各种弹簧模型及直杆模型(Schreyer and Chen，1986)进行了讨论。

剪切破坏模型主要是由 Schreyer(1990)、周国林等(2001)、王学滨等(2001b)、Pan 等(2002)、Wang 和 Pan(2002)提出及发展的。

陈惠发(2001)指出，为了解释单轴压缩实验中的应变局部化现象，可以认为是剪切带的影响。他进一步指出，对于受单轴压缩的两个不同高度试样，假定在达到应力峰值之前，在剪切带局部出现应变，它们的应变-位移曲线是相同的。但是，在超过峰值之后，应变是根据不同的试样高度计算的，这样，对于短的试样可得到较大的应变，而对于长的试样则得到较小的应变。这就定性解释了试样应力-应变曲线软化段不相同的原因。

Schreyer(1990)采用单轴压缩剪切破坏模型推出了轴向应变的解析式。轴向应变被划分为 3 项：第 1 项是弹性压缩应变；第 2 项与峰值应力所对应的应变及一个介于 0 及 1 之间的参数有关，这一项与横跨剪切带的相对切向位移、试样高度及剪切带倾角有关；第 3 项十分复杂。该解析式能反映试样应力-应变曲线的峰后尺寸效应。然而，不同尺寸试样峰后应力-应变曲线均呈现上凹的特点，这在实验室中并不常见。应当指出，Schreyer(1990)提出的模型中的剪切带具有一定宽度，剪切带宽度随着应力的降低而增加，给出了剪切带的应变分布的表达式，应变分布是坐标的二次函数。

周国林等(2001)提出的剪切破坏模型可以较好地模拟岩石的强度随着围压、试样高度及宽度的变化规律。然而，剪切面不具有宽度，无法给出剪切带的应变分布。对相同直径不同长径比(分别为 3 和 6)的两个试样应力-应变曲线的模拟结果表明，长径比对试样峰后应力-应变曲线的斜率没有明显的影响，这与试样峰后应力-应变曲线存在尺寸效应的主流观点并不一致。

在王学滨等(2001b)及 Pan 等(2002)提出的剪切破坏模型中，试样轴向的不可恢复位移被认为根源于剪切带的剪切错动，而不根源于剪切带的塑性压缩位移。剪切带具有一定的宽度，根据梯度塑性理论，剪切带宽度与材料的内部长度有关。在剪切带内部，由于非均质材料的微结构效应，塑性剪切应变分布是高度不均匀的。剪切带的承载能力随着剪切带的应变的增加而降低，进而导致了试样承载能力的降低。试样端部的位移由两部分构成：一部分是试样的均匀弹性压缩引起的弹性位移；另一部分是剪切带错动引起的塑性位移。这一模型的特点是可以采用线性应变软化的本构关系模拟试样的非线性峰后变形、尺寸效应及 II 类变形行为。

Wang 和 Pan(2002)采用能量守恒原理研究了单轴压缩试样的尺寸效应及 II 类变形行为。其基本思想是将外力功划分为弹性功与塑性功。外力对试样所做的塑性功等于剪切带错动所消耗的能量。该文献首次提出了试样应力-应变曲线峰后斜率的严格、简洁的解析式。

一些数值模拟结果也表明,试样峰后应力-应变曲线具有尺寸效应。例如,在单轴拉伸及直接剪切条件下,de Borst 和 Mühlhaus(1992)、Pamin 和 de Borst(1995)基于梯度塑性理论获得的数值结果;在平面应变压缩条件下,Tang 等(2000)采用 RFPA 获得的数值结果;在三轴压缩条件下,王学滨等(2001c)采用 FLAC 获得的数值结果。

1.3.3 峰后应力-塑性位移曲线

单轴压缩准脆性材料试样峰后应力-轴向应变曲线具有尺寸效应的现象已被大量实验结果所证实。然而,一些研究人员发现,应力-轴向塑性位移曲线基本上没有尺寸效应。

van Mier(1984,1986)的早期实验结果表明,在单轴压缩条件下,在应力峰之后,试样内部出现应变局部化,这意味着不同高度试样具有相同的峰后位移。van Mier 等(1997)的大量实验结果表明了类似的结果。这些实验结果十分清晰地表明,在相同的加载系统条件下,不同高度试样相对应力(或称为标准化应力)-位移曲线软化段的测量结果都位于一个相对狭窄区(bundle),形如"马尾"。因此,van Mier 等(1997)得出,不管采用何种加载系统,峰后的应变局部化都会发生。

尤明庆(2000)以塑性位移为变量重新处理了 Hudson 等(1972)的单轴压缩不同高度大理岩试样应力-应变曲线及他本人得到的不同高度油页岩和石灰岩试样应力-应变曲线,得出了试样的承载能力随着塑性位移的增大而降低的规律。他还指出,显然试样最弱断面完全屈服之后就以相同的规律弱化,即相同材料、不同高度试样的承载能力随着塑性位移的增大而减小。

陈惠发(2001)指出,将 van Mier(1984)的单轴压缩不同高度混凝土试样应力-应变曲线画在相对应力和总位移减去峰值强度所对应的位移作为坐标的平面上,则不同高度试样的响应几乎没有差别。这种现象表明,在单轴压缩条件下,混凝土出现了局部破坏。

在单轴拉伸条件下,也有类似的规律(韩大建,1987)。

1.3.4 全部变形特征

人们很早就注意到,即使试样处于单向受力状态,其变形也不是单向的。例如,在弹性阶段,在轴向压缩应力作用下,试样的侧向或横向发生膨胀。试样的基本变形特征包括轴向及侧向(或环向)变形特征。由基本变形特征可以组合出泊松比及体积变形特征。

研究试样的泊松比、侧向及体积变形特征有着重要的工程应用背景。朱俊高等(1995)曾指出，土体的侧向变形特征不仅对土工建筑物内的应力分布及侧向受力有直接影响，而且也影响到土体的竖向变形，影响到土体沉降的估计，因此是个值得重视的研究课题。对侧向变形规律的深入研究对于基坑工程侧向变形计算、控制(高文华等，1997；刘兴旺等，1999)及巷道围岩注浆加固(张农等，1998)都有一定的指导意义。在明确侧向变形规律的基础上，寻求新的理论计算模型或修正目前的模型，在实际工程中的理论研究和实际应用中具有广阔前景(徐志伟和殷宗泽，2000)。

尽管试样的泊松比、侧向及体积变形特征十分重要，然而，关于上述问题的研究尚不深入。在理论方面，众多文献仅停留在利用广义胡克定律分析试样弹性阶段的均匀侧向变形。在实验研究方面，在前人的有关文献中经常提到试样弹性阶段或峰值强度稍后的侧向及体积变形，很少文献关心应变局部化开始以后(应变软化阶段)试样的侧向及体积变形(Tatsuoka et al.，1990；Labuz et al.，1996；Yumlu and Ozbay，1996；Finno et al.，1997；Ord et al.，1991；Alshibli and Sture，2000；尤明庆，2000；董建国等，2001a，2001b；赵锡宏和张启辉，2003)。

1.4　地质体结构稳定性

1.4.1　稳定性分类

朱兆祥(1993)认为，失稳的两种形态包括分叉点型失稳和极值点型失稳。根据经典稳定性理论(Drucker 假设和 Hill 理论)，若材料发生应变软化，则必然发生失稳。实际的情况并不总是这样，例如，利用刚性试验机对试样加载时，通常看不到失稳发生；在地下岩石工程中，岩石的破坏在所难免，但岩石结构不总失稳。

经典稳定性理论处理的问题属于材料稳定性问题，而非结构稳定性问题。

王来贵等(1997)对岩石力学系统运动稳定性问题进行了系统的评述，具体包括：变形系统几何非线性稳定性、变形系统物理非线性稳定性、试样-试验机力学系统稳定性、结构稳定性的能量原理、响应比理论、黏滑理论、突变理论、运动稳定性理论和其他失稳理论。

按照王来贵等(1997)的分类标准，本书涉及试样-试验机系统稳定性及结构稳定性的能量原理。第 1 种稳定性是第 2 种稳定性的特例。因此，本书所关注的稳定性问题属于结构的稳定性问题：岩石发生了局部破坏；结构可能包括试验机，也可能不包括试验机。若不包括试验机，则结构由应变局部化带及带外弹性体构成。若包括试验机，则结构由应变局部化带、带外弹性体及试验机构成。

1.4.2　不考虑试样具体破坏和均匀破坏试样的稳定性研究

一些研究人员很早就采用各种方法(能量原理、虚位移原理及刚度比准则或理论)研究了试样-试验机系统的稳定性(Cook，1965；Salamon，1970；Hudson et al.，1972)。

Salamon(1970)指出，在不对系统提供额外能量的条件下，若试验机不能使试样产生进一步的位移，则平衡状态是稳定的。

可以给试验机与试样的连接点处一个虚位移,若产生该虚位移试样所需要的虚功大于试验机在相同的虚位移上所做的虚功,则系统的平衡是稳定的(Hudson et al.，1972)。这样，可以得到系统的稳定性条件，即试验机刚度与试样力-位移曲线的峰后斜率之和之半与虚位移的平方之积大于零。虚位移的平方总是大于零的。因此，稳定性条件可以简化为试验机刚度与试样力-位移曲线的峰后斜率之和大于零。

唐春安和徐小荷(1990)采用尖点灾变模型研究了试样-试验机系统的失稳机制，给出了失稳前后试样的突跳变形量和能量释放率的定量表达式。

金济山等(1991)在分析试样-试验机系统的稳定性时，考虑了围压的作用，但是，从分析结果看，围压对失稳判据并无影响。

潘岳等(2002)分析了试样-试验机系统的能量变化关系，得到了试样失稳破裂终止总位移、试样脆性破坏时试验机释放的弹性能和受到的惯性力以及试验机压头最大名义位移的表达式。

潘岳和戚云松(2001)利用折叠突变模型给出了试样的本构失稳判据，对试样本构关系曲线软化段的稳定性进行了分析，计算了试样破坏对加载装置造成的荷载效应。

王来贵等(2009，2015)开展了试样的蠕变稳定性理论研究，通过考察微分方程的稳定性得出了蠕变失稳判据。

在上述研究中，将试样看作 1 个"黑箱"，在应力峰之后，不考虑其具体的破坏模式，仅考虑其整体的行为(例如，应变软化)。实际上，这种做法相当于认为试样发生了均匀的破坏。

将系统看作 1 个"黑箱"的方式显然不具有广泛的适用性。一般，可根据系统中不同部位所处力学状态的不同，将系统划分为相互作用的几部分，例如，将 1 个系统划分为 1 个弹性区和 1 个均匀破坏区，且均匀破坏区的尺寸和材料的内部长度无关。对于这样的均匀破坏系统，其稳定性可以采用极值点失稳理论、突变理论、能量原理等进行研究。实际上，这种做法相当于认为至少在某一方向上破坏区发生了均匀的破坏，这给问题的求解带来了极大的方便，但并不一定与实际相符。若更细致地看，均匀破坏区通常还应包括弹性区和应变局部化区。随着系统所处力学状态的变化，均匀破坏区可能会发生扩大和移动。若破坏区的尺寸和材料的内部长度有关，则破坏区为应变局部化区，例如，剪切带-弹性体系统中的剪切带，此时，系统发生的不是均匀破坏。

殷有泉(2011)分析了混凝土梁、厚壁筒、竖井开挖和地震等多种不稳定性问题。他的研究发现，是否会出现不稳定性问题，取决于材料本构曲线是否具有软化段和软化段的陡峭程度，他认为它们都属于极值点型失稳，并由此认为，岩石力学与岩石工程中多数问题属于极值点型失稳。对于分叉点型失稳，他仅举了一个单轴压缩试样剪切破坏的例子，并认为连拱坝支墩的破坏和煤矿采场预留煤柱的破坏可能也属于分叉点型失稳。

1.4.3　单轴拉伸和直接剪切条件下试样局部破坏的结构稳定性

Bažant 和 Panula(1978)分析了试样与若干弹簧串、并联组成的系统的稳定性。他们假设试样的应变局部化带法向与试样的轴向一致。试样首先与一个弹簧串联；之后，与另一个弹簧并联；最后，与第三个弹簧串联。若应变局部化带受到的载荷的增量之半与应变局部化带的位移之积为正，外力不做功则没有变形，因此，系统是稳定的，由此得到了系统的稳定性条件。

Ottosen(1986)给出了单轴拉伸条件下试样软化段拉伸变形率(速率)与应力率之间的关系。他假设试样发生局部拉伸破坏。由于不允许试样的伸长量降低，因此，速度总是大于零的，并且，软化段的应力率是小于零的。由此，可以得到系统的稳定性准则。使用不同的方法，这一稳定性准则已由 Bažant(1976)及 Sture 和 Ko(1978)建立。对于完全发展的应变局部化区(应变局部化区的尺寸等于试样高度)，利用这一稳定性条件可以得到峰后拉伸应力-拉伸应变曲线一定是应变软化的，极限情况是完全脆性的，这意味着应力率与塑性拉伸应变的比值大于弹性模量的负值，这与 Pietruszczak 和 Mroz(1981)得到的稳定性准则是一致的。若峰后拉伸应力-拉伸应变曲线是理想塑性的，应变局部化带的尺寸可以任意取值(在 0 与试样高度之间)。若峰后拉伸应力-拉伸应变曲线是完全脆性的，则需要应变局部化带的尺寸等于试样高度，这意味着材料越脆，则应变软化区的尺寸越大，这与实验结果并不一致(对于准脆性材料，损伤区是非常局部化的)。

Bažant(1988)给出了二阶功(功的二阶变分)的一般表达式，若二阶功大于零，则系统处于稳定状态，由此提出了单轴拉伸条件下试样的稳定性准则。该准则表明，试样高度、应变局部化带的尺寸、应力-应变曲线软化段的斜率的绝对值及弹性区的弹性模量均对系统的稳定性有影响。若试样的一端有一个弹性支座，可以设想将试样高度放大，也可以得到系统的稳定性条件(Bažant，1976)。

在纯剪切条件下，可以得到与单轴拉伸条件下相类似的稳定性条件(Bažant，1988)。位于弹性地基上的一个无限剪切层(水平方向无限大)的稳定性条件与单向拉伸条件下试样(一端具有一个弹性支座)的稳定性条件相同。

de Borst 和 Mühlhaus(1992)得到了单轴拉伸条件下试样软化段快速回跳的条件，当试样两端的速率差与拉伸应力卸载率之比大于零时，试样将发生快速回跳。对于直接剪切试样，Pamin 和 de Borst(1995)采用相同的方法得到了与单轴拉伸试样相类似的快速回跳条件。

刘西拉和温斌(1998)采用稳定性理论分析了单轴拉伸条件下混凝土试样的稳定性。混凝土试样由软化区及弹性区构成，当外力所做的功的增量超过系统所存储的应变能的增量时，系统便是不稳定的。

曾亚武等(2000)得到了两种加载条件下试样-试验机系统的外力在虚位移上所做的功与物体内能的增量之差的表达式，利用该差大于零来判断系统的稳定性。对于力型加载，系统在峰后总是不稳定的，因此，不能得到峰后应力-位移(或应变)曲线。对于位移型加载，系统的稳定性取决于试验机刚度与试样刚度之间的关系。另外，他们还分析了两种加载条件下试样-试验机-圆筒系统的稳定性。

Zhang 等(2002)得到了单轴拉伸条件下由试验机和混凝土试样构成的系统的稳定性条件。系统总势能(总是非负的)的一阶变分为零对应于平衡条件。系统的稳定性条件为系统总势能的二阶变分大于或等于零。系统的稳定性与试样高度、面积、试验机刚度、拉伸应变局部化带的尺寸、试样应力-应变曲线软化段的斜率的绝对值及弹性区的弹性模量有关。

研究人员多采用突变理论分析断层带或剪切带-弹性体系统的稳定性，并已经认识到断层带应具有明确的尺寸。实际上，这种做法相当于认为系统发生了局部剪切破坏。断层面的本构模型，即剪切应力和剪切位移之间的关系，可以采用负指数模型、高斯模型和三线性模型等(殷有泉，2011)。由于断层面的本构模型需要直接给出，所以断层带宽度在分析中并不起作用。

殷有泉和郑顾团(1988)考虑了断层带的损伤弱化，将远场位移和刚度比作为控制变量，利用尖点突变模型讨论了断层地震的孕育和发生过程，给出了地震错距和能量释放的表达式。

殷有泉和杜静(1994a)考虑了断层带的损伤弱化和水致弱化效应，将远场位移、渗水量和刚度比作为控制变量，利用燕尾型突变模型研究了渗水、远场位移和刚度比等因素对地震发生的影响。

殷有泉和杜静(1994b)利用尖点突变模型比较了利用负指数模型和高斯模型

得到的断层启动时远场位移、失稳突跳时远场位移、状态变量突跳及无量纲能量突跳等计算结果的差异。

潘一山等(1998a)给出了断层带-弹性体系统的位移与远场扰动的比值的表达式，发现了煤层开采使断层剪切应力增加，正应力减小，从而将诱发冲击地压。另外，他们还分析了断层、围岩的力学性质及开采深度对断层冲击地压的影响。

潘岳等(2001a)将断层带-弹性体系统的本构失稳过程归结为折叠突变模型，给出了系统失稳前后断层位移及弹性能释放量的表达式，对断层失稳前的前兆阶段和断层失稳后的系统稳定性进行了描述。

潘岳等(2001b)将均匀围压条件下断层冲击地压的突变理论分析推广到非均匀围压情形，给出了断层失稳半位移和弹性能释放量的表达式，对断层失稳导致的荷载及位移效应进行了分析。

1.4.4 单轴压缩试样局部剪切破坏的结构稳定性

Labuz 和 Biolzi(1991)分析了三轴压缩条件下试样-试验机系统的稳定性，假设试样发生单一的剪切破坏，提出了系统总位移的表达式，其包括轴向应力及侧向应力引起的轴向位移、试验机的位移及剪切面而引起的位移。他们提出的临界软化的增量稳定性条件为系统总位移对应力差(第 1 主应力减去围压)的一阶导数为零。

李宏等(1999)在此基础上进一步分析了弹性体沿滑动面滑动的稳定性。若弹性破坏特征线比剪切面滑动弱化本构曲线平缓，则系统的平衡状态是非稳定的，并提出了失稳判据。该失稳判据与弹性模量、试样高度、剪切面倾角、峰值剪切应力、残余剪切应力及软化段结束时的滑动位移有关。由于模型中剪切面没有宽度，因此，他们未能提出软化段结束时(或残余阶段开始时)滑动位移的解析式。

殷有泉(2011)采用能量原理，分析了单轴压缩试样剪切破坏的稳定性，剪切面无宽度，仅给出了平衡路径曲线，未能给出失稳判据。他认为材料发生软化时，结构一定发生失稳，这种观点忽视了结构尺寸及刚度等因素的影响。对于剪切带问题，他仅略微提及，未展开分析。他认为剪切带问题是一个分叉点型失稳的例子。

1.4.5 结构稳定性分析的能量方法

可以利用最小势能原理和狄里希锐原理来判断系统的平衡状态稳定与否。系统的总势能的一阶变分等于零对应于平衡条件；系统的总势能的二阶变分小于零对应于失稳条件。

采用能量原理，许多研究人员已经对断层失稳(殷有泉和张宏，1984)、冲击地压、煤和瓦斯突出、岩爆及突水等问题进行了研究(章梦涛, 1987; 贺军等, 1993; 梁冰等, 1995; 章梦涛等, 1995; 徐曾和等, 1996; 蔡美峰等, 1997; 李长洪等, 1999)。

Petukhov 和 Linkov(1979)对采矿工程中的岩爆及支承压力等问题进行了大量研究, 将失稳与外力功增量和动能增量联系起来。在外部条件不变的情况下, 若外力功超过内能增量, 则失稳发生。他们给出了外力功增量和内能增量的一般表达式。

殷有泉和张宏(1984)采用能量原理研究了断层带-弹性体系统的稳定性, 利用系统势能二阶变分小于零的条件得到了失稳判据, 其结果与刚度比准则相同, 他们还研究了断层带发生扩容时系统的稳定性, 并建议研究稳定性时不采用刚度比准则, 而用能量原理。

曾亚武等(1999)对平衡分叉准则和稳定性的能量准则等问题进行了讨论, 得出了失稳点不同于分叉点的结论。他们认为, 具有应变软化特征的岩石材料的峰值应力点是分叉点而非失稳点。

在有限应变条件下, 丁继辉等(1999)给出了应力二阶功的一般表达式, 利用二阶功小于零的条件来判断平衡状态的非稳定性。他们认为, 非稳定意味着煤和瓦斯突出。

干扰能量法也是以能量原理为基础, 是用考察体受扰动后产生的干扰能量值来判断岩石结构是否稳定的一种方法(卓家寿等, 1997; 林鹏和卓家寿, 2000; 赵进勇等, 2002; 邵国建等, 2003)。若存在某种形式的干扰位移使得干扰能量大于零, 则系统处于不稳定状态。干扰能量等于干扰内能与失稳内能之差。若干扰内能大于失稳内能, 则系统将出现多余的动能而导致失稳。

殷有泉(2011)将稳定性的定义表述为, 对于任何虚位移, 若内能变分与外力虚功之差大于或等于零, 则系统的平衡是稳定的; 若至少有一组虚位移, 使上述差值小于零, 则系统的平衡是不稳定的。上述定义在实际应用中使用不方便, 用于计算内能变分与外力虚功之差的位移是载荷增量步内的真实位移, 不可能穷取所有可能的虚位移, 这样, 即使系统被判为稳定, 实际上也可能并非如此。所以, 殷有泉(2011)建议, 应该使用特征值准则判断系统的稳定性, 若系统切线刚度矩阵的最小特征值小于零, 则系统是不稳定的。周维垣(2010)也表达了与上述观点相类似的观点。然而, 在有些数值方法中, 并没有系统切线刚度矩阵或者系统切线刚度矩阵组装的困难, 这给上述方法的使用带来了不便。

在数值分析中采用能量原理时, 需要计算系统的外力势能、弹性势能和塑性耗散能, 再求二阶变分, 计算量大。能量原理尽管已被用于多种系统稳定性的数值分析, 但都做了一些简化。外力势能的计算比较困难, 需要扣除由于塑性区的变形而带来的弹性体的牵连性质的位移(这部分位移不是弹性体在外力作用下的位移)。由于塑性区的形态一般较复杂，因此，这种位移一般很难确定。在过去的数值模拟方面的文献中，一般都没有扣除这种位移。在理论分析中，这部分位移是需要扣除的。因此，严格地讲，过去一些文献所得的数值结果并不准确，但不妨碍对问题的定性理解。

能量原理适用于研究系统的整体失稳问题，不适用于研究局部失稳问题。基于能量原理的数值计算结果密切依赖于模型的尺寸。假设破坏区的尺寸在不同尺寸模型中不变，若模型的尺寸较小，根据能量原理，则系统不容易失稳；反之，则不然。

1.4.6　稳定性分析的其他方法

目前，已经出现了形形色色的用于判别岩石结构稳定性的方法(黄昌乾和丁恩保，1997；周维垣，2010)，例如，安全系数方法、可靠度方法、工程类比分析方法、根据定点位移、速率、应力及应变等量是否超过某一阈值、根据塑性区是否贯通、根据塑性应变是否高度集中于狭窄区及根据位移矢量方向是否逐渐趋向于一致等。周维垣(2010)系统地介绍了极限平衡法、极限分析法和基于多重网格的稳定校核法等方法。

和基于力学的稳定性概念建立起来的能量原理等方法相比，有些方法往往不具有严格的力学意义，没有可靠的理论依据。尽管如此，由于这些方法往往历史悠久而早被接受，具有方法简便、易于实行、结果大致可靠等特点，也得到了广泛的应用。

众所周知，在构造物理领域，可采用声发射技术、热红外辐射技术和数字图像相关方法等技术手段来研究断层-岩块系统的破裂失稳前兆及过程等问题(刘力强等，1999；马胜利和马瑾，2003；Lei et al.，2004；陈顺云等，2005；马胜利等，2008；马瑾等，2008)。这些研究思路和所积累的经验在数值模拟中也可借鉴，例如，可以统计事件的时空分布规律、b 值、C_v 值等(Kaiser and Tang，1998；Fang and Harrison，2002；王凯英和马瑾，2004；陈俊达等，2005；Zhao et al.，2014)，通过这些量的异常表现来考察计算模型整体或断层所处的状态。最近，本书第一作者及合作者针对雁列断层构造及 Z 字形断层构造开展了系统的数值模拟研究，分别考虑了断层和岩石的非均质性。这种模型适用于模拟一个黏滑周期内断层系统的复杂力学行为。研究发现，挤压雁列区贯通过程中 b_0 值(事件的频次-能量释放关系的斜率的绝对值)表现为下降(Wang et al.，2010)，而对于拉张雁列构造则观察不到 b_0 值的明显变化(Wang et al.，2010，2012)。在挤压雁列区贯通过程中，与剪切应变陡降有关的量的表现比较突出，这是由于 1 个单元的破坏，能引起周围众多单元剪切应变的降低,即弹性卸载(Wang et al.,2013)。在这些文献中,无论是关于 b_0 值随着加载过程演变规律的计算,还是关于能量释放、剪切应变陡降等量随着加载过程演变规律的计算,都是针对整个试样而言的,难以区分各条断层应力状态和行为的差异。王学滨等(2013c)除了关注整个试样 b_0 值的演变规律外,还关注各条断层上 b_0 值的演变规律,这种研究思路在过去并不多见。

构造物理领域的一些新进展,例如,断层失稳之前的位移协同化现象(卓燕群等,2013;刘远征等,2014;马瑾和郭彦双,2014)等,都亟待和数值计算方法及统计方法相结合,可望开辟出一个岩石结构稳定性研究的新方向。

1.5 本 书 内 容

区别于前人的研究工作,本书开展了三方面的研究工作。

1.5.1 微结构效应引起的局部化带物理、力学量的非均匀性研究

根据非局部理论,得出了非局部塑性剪切应变的表达式。利用各向同性假设、交界条件、实际的剪切带宽度对应于局部塑性剪切应变取得最大值假设及峰后线性应变软化的本构关系,推导了剪切带宽度及剪切带的局部(塑性)剪切应变、应变率、位移及速度分布的表达式。建立了局部(塑性)剪切位移梯度与局部(塑性)剪切应变分布之间的关系及速度梯度与应变率分布之间的关系。给出了剪切带两盘的相对(塑性)剪切位移及速度的表达式。研究了各种本构参数对局部(塑性)剪切应变、应变率、位移及速度分布的影响。研究发现,剪切带的局部(塑性)剪切位移及速度分布呈现非线性特征,这对传统的线性分布假定提出了挑战。提出了常剪切应变点的概念,对其存在性进行了讨论。

研究了应变率、刚度劣化(损伤)及水致弱化对剪切带的局部(塑性)剪切应变及位移分布的影响。在剪胀条件下,分析了剪切带内的局部体积应变增量及剪胀引起的剪切带的法向位移。对考虑刚度劣化的常剪切应变点进行了讨论。

在剪胀条件下,提出了剪切带的局部孔隙度、孔隙比、孔隙度增量及孔隙比增量的解析式,研究了各种本构参数对上述孔隙特征参数的影响。建立了剪切带的最大孔隙比、平均最大孔隙比增量、平均最大孔隙比及平均最大孔隙度的解析式,研究了各种本构参数对平均最大孔隙度的影响。提出了若干新概念,例如,剪胀引起的剪切带的平均最大孔隙比增量及剪切带的平均最大孔隙比等。理论结果较好地解释了若干实验现象。

提出了拉伸应变局部化带的局部塑性拉伸应变分布的解析解,将其和前人的数值解进行了比较。将损伤变量视为非局部变量,根据非局部理论,推导了拉伸

损伤局部化带的局部损伤变量的解析式。提出了非局部损伤变量及其时间导数以及它们最大值的解析式，研究了各种本构参数的影响。

1.5.2　拉伸、压缩及剪切条件下局部破坏试样的峰后变形及能量消耗研究

推导了剪切带启动之后剪切带的剪切应力与剪切位移之间的关系。利用直接剪切试样的总剪切位移等于弹性体的剪切位移及剪切带的剪切位移之和的假定，提出了剪切带-弹性体系统的剪切应力-剪切位移曲线的解析式。提出了试样-试验机(由剪切带及弹性体构成)系统的剪切应力-剪切位移曲线的解析式。

采用位移法及能量守恒原理，推导了单轴压缩剪切破坏条件下准脆性材料(岩石及混凝土等)试样应力-轴向应变曲线的解析式，研究了各种本构参数的影响。该解析式能反映应力-轴向应变曲线软化段的尺寸效应，并得到了前人的普通混凝土实验结果的定量验证。推导了试样的轴向速度与应力率之间的关系，得到了 II 类变形行为的条件。对材料的本构关系及试样的结构响应之间的区别和联系进行了讨论。通过类比，得到了单轴拉伸、直接剪切及单轴压缩剪切破坏条件下试样统一应力-应变曲线的解析式。建立了剪切带的局部损伤变量与单轴压缩试样的全局损伤变量之间的联系。

计算了试样 I 及 II 类变形行为耗散的能量。在剪胀及剪缩条件下，建立了直接剪切试样切向位移与法向位移之间的关系以及切向应变与法向应变之间的关系。分析了直接剪切试样剪切应力-剪切位移曲线的尺寸效应。

提出了单轴拉伸试样拉伸应力-拉伸应变曲线的解析式，研究了各种本构参数及结构尺寸的影响。区别于传统的损伤模型，给出了拉伸应力、拉伸应变及非局部损伤变量之间的新定义，讨论了这种定义方式的优越性。

提出了单轴压缩剪切破坏条件下准脆性材料试样应力比-轴向塑性位移关系的解析式。推导了峰后剪切断裂能的解析式，研究了各种本构参数对峰后剪切断裂能随着应力比演变的影响。利用 Scott 模型，得到了峰前断裂能的解析式，提出了全部断裂能的解析式。

提出了单轴压缩剪切破坏条件下准脆性材料试样应力-侧向应变曲线的解析式，研究了本构参数及试样宽度的影响。提出了利用不同尺寸试样应力-轴向应变曲线得到试样应力-侧向应变曲线的方法，反算了不同尺寸试样的剪切带条数。研究了试样应力-侧向应变曲线软化段的尺寸效应。根据得到的试样轴向应变及侧向应变的解析式，提出了试样体积应变的解析式。提出了仅考虑剪胀的试样纯体积应变的概念，推导了试样纯体积应变的解析式，研究了扩容角、剪切弹塑性模量及泊松比对试样应力-纯体积应变曲线的影响。

将试样应力-轴向应变曲线、应力-侧向应变曲线及侧向应变-轴向应变曲线的

解析式与前人的混凝土实验结果进行了比较。研究了试样峰后泊松比随着压缩应力的变化规律，解释了有些峰后泊松比大于 0.5 的实验现象。计算了剪切带塑性变形消耗的能量。通过将剪切带边界上剪力的分解，计算了剪切带引起的试样侧向及轴向塑性位移消耗的能量，对二者之间的关系进行了讨论。

当矿柱发生渐进剪切破坏时，提出了在剥离阶段之前及剥离过程中矿柱端面上的平均应力与平均轴向位移之间关系的解析式。

1.5.3 拉伸、压缩及剪切条件下局部破坏试样的结构稳定性研究

当直接剪切试样发生局部剪切破坏时，研究了各种因素对其稳定性的影响，利用能量原理，提出了系统失稳判据的解析式。对应变局部化、岩爆及 II 类变形行为之间的关系进行了讨论，发现了系统失稳判据等价于系统 II 类变形行为的重要结论。采用了 6 种方法判别系统稳定性。对试样的快速回跳及试样-试验机系统的快速回跳之间的关系进行了讨论，解释了若干实验现象。

研究了应变率、刚度劣化(损伤)及水致弱化对直剪条件下剪切带-弹性体系统稳定性的影响。利用位移法及能量原理，提出了考虑应变率效应的失稳准则。

得到了单轴压缩条件下剪切带之外弹性体的剪切刚度，根据刚度比理论，得到了试样失稳判据的解析式，研究了各种参数的影响。建立了弹性体对剪切带所做的功、剪切带的弹性势能及塑性耗散能的表达式。利用最小势能原理，得到了系统的平衡条件，利用系统势能对剪切带剪切位移的二阶导数小于零的非稳定平衡条件，提出了系统失稳判据的解析式，讨论了该失稳判据的优越性。通过类比，得到了单轴拉伸、直接剪切及单轴压缩剪切破坏条件下试样统一失稳判据的解析式。当试样端部受到剪切应力及压缩应力联合作用时，利用刚度比理论，提出了系统失稳判据的解析式。

在单轴压缩剪切破坏条件下，提出了试样侧向失稳及快速回跳的概念，对试样轴向快速回跳与侧向快速回跳之间的关系进行了研究。根据刚度比理论，对试样轴向及侧向变形的稳定性进行了分析，提出了失稳判据的解析式。

利用刚度比理论，得到了矿柱-顶板或底板系统失稳判据的解析式，研究了各种参数对系统稳定性及剥离发生时应力的影响。根据能量原理，提出了局部剪切破坏矿柱-弹性梁系统失稳判据的解析式，研究了各种本构参数及结构尺寸对系统稳定性的影响。

第 2 章 剪切带的应变、应变率、位移及速度分布分析

根据非局部理论，得到了非局部塑性剪切应变的表达式。利用各向同性假设、交界条件、实际的剪切带宽度对应于局部塑性剪切应变取得最大值假设及峰后线性应变软化本构关系，推导了剪切带宽度及剪切带的局部塑性剪切应变的解析式。在此基础上，给出了局部总剪切应变的解析式。提出了常剪切应变点的概念，对其存在性进行了讨论。得到了剪切带的局部（塑性）剪切应变率、位移及速度分布的表达式。给出了剪切带两盘的相对（塑性）剪切位移及速度的表达式。建立了局部（塑性）剪切位移梯度与局部（塑性）剪切应变分布之间的关系及速度梯度与应变率分布之间的关系。研究了各种本构参数对局部（塑性）剪切应变、应变率、位移及速度分布的影响。研究发现，剪切带的局部（塑性）剪切位移及速度分布呈现非线性特征，这对传统的线性分布假定提出了挑战。

2.1 剪切带宽度及局部塑性剪切应变分布

2.1.1 剪切带的线性应变软化本构关系

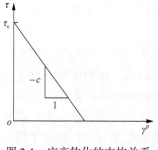

图 2-1 应变软化的本构关系

假设剪切带的本构关系是线性应变软化的，见图 2-1。τ_c 为抗剪强度；γ^p 为经典弹塑性理论框架之内剪切带的平均塑性剪切应变；τ 为作用于剪切带上的剪切应力，由带外的弹性体施加。

τ 与 γ^p 之间的关系的斜率的绝对值 $c\,(c>0)$ 称为剪切软化模量。γ^p 与 c、τ 及 τ_c 有关：

$$\gamma^p = \frac{\tau_c - \tau}{c} \tag{2-1}$$

2.1.2 利用非局部理论推出梯度塑性理论

尽管一些研究人员在研究金属材料弹性变形时也考虑了微结构效应（微小结

构之间的相互影响和作用)。但是,对于岩土材料,我们完全忽略了弹性阶段的微结构效应。在峰后变形阶段,强烈的塑性应变及损伤在具有一定宽度的应变局部化带(其宽度由非均质岩土材料的质地决定)内部累积,微结构效应必然在应变局部化过程中扮演着重要的角色。

为了考虑非均质岩土材料的微结构效应,可以采用非局部理论(Eringen and Edelen,1972)。在该理论中,非局部变量被表示为局部变量在一个邻域的加权平均(Pijaudier-Cabot and Bažant,1987)。对于一维剪切问题,塑性剪切应变被看做非局部变量 $\overline{\gamma}^{\mathrm{p}}$ 。这样,有

$$\overline{\gamma}^{\mathrm{p}} = \frac{1}{\Omega} \int_{-L/2}^{L/2} g(\xi) \gamma^{\mathrm{p}}(y+\xi) \mathrm{d}\xi \tag{2-2}$$

式中,y 为坐标,坐标 y 的原点 O 位于剪切带的中心,见图 2-2 及图 2-3, $y \in [-0.5w, 0.5w]$,w 为剪切带宽度或厚度;ξ 为从点 y 到其邻域内任一点的距离,$\xi \in [-0.5L, 0.5L]$;L 为试样的总高度,$L \gg w$;$g(\xi)$ 为加权函数;$\gamma^{\mathrm{p}}(y)$ 为局部塑性剪切应变;Ω 为加权函数的积分:

$$\Omega = \int_{-L/2}^{L/2} g(\xi) \mathrm{d}\xi \tag{2-3}$$

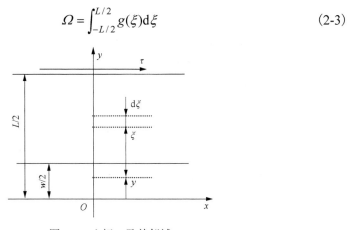

图 2-2　坐标 y 及其邻域

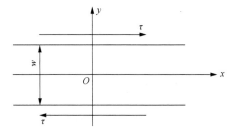

图 2-3　受到带外弹性体作用的一维剪切带

剪切带在 y 方向具有有限的宽度 w，然而，在 x 方向及垂直于纸面的 z 方向是无限的。在这里，剪切带宽度 w 被视为一个常量，剪胀及剪缩效应被忽略不计。

将 $\gamma^{p}(y+\xi)$ 按泰勒级数展开，可以得到

$$\gamma^{p}(y+\xi) = \gamma^{p}(y) + \frac{\mathrm{d}\gamma^{p}(y)}{\mathrm{d}y}\xi + \frac{1}{2!}\frac{\mathrm{d}^{2}\gamma^{p}(y)}{\mathrm{d}y^{2}}\xi^{2} + \cdots \tag{2-4}$$

考虑到被积函数是奇函数时，在对称区间的积分为零。这样，就消去了奇函数的积分。将泰勒级数在二次项之后截断，可得非局部塑性剪切应变为

$$\overline{\gamma}^{p} = \frac{1}{\Omega}\int_{-L/2}^{L/2} g(\xi)\gamma^{p}(y)\mathrm{d}\xi + \frac{1}{2\Omega}\int_{-L/2}^{L/2} g(\xi)\frac{\mathrm{d}^{2}\gamma^{p}(y)}{\mathrm{d}y^{2}}\xi^{2}\mathrm{d}\xi \tag{2-5}$$

假设加权函数是高斯分布类型的(可以确保非局部特性随着距离的增加而快速衰减)：

$$g(\xi) = \mathrm{e}^{-\frac{\xi^{2}}{4l^{2}}} \tag{2-6}$$

式中，l 为岩土材料的内部长度或特征长度，用于描述材料质地的非均质性。对于质地粗糙的材料，内部长度较大。

利用式(2-5)及式(2-6)，考虑到 $L \gg w > l$，可以得到

$$\overline{\gamma}^{p} = \gamma^{p}(y) + l^{2}\frac{\mathrm{d}^{2}\gamma^{p}(y)}{\mathrm{d}y^{2}} \tag{2-7}$$

由式(2-7)可以发现，非局部塑性剪切应变 $\overline{\gamma}^{p}$ 与局部塑性剪切应变 $\gamma^{p}(y)$ 及其二阶空间梯度有关。

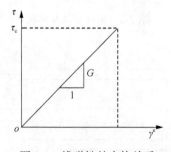

图 2-4　线弹性的本构关系

根据非局部理论，二维及三维非局部等效应变或应变率已经被一些研究人员导出（Pijaudier-Cabot and Bažant，1987；Mühlhaus and Aifantis，1991；Vardoulakis and Aifantis，1991；Askes et al.，2000；Peerlings et al.，2001）。若二维及三维非局部等效应变被简化为一维情形，则结果将与式(2-7)是类似的。

2.1.3　局部塑性剪切应变分布及剪切带宽度

为了在经典弹塑性理论的框架之内考虑微结构效应，经典弹塑性理论中的某一个变量应该被非局部理论中的非局部变量替代。在此，式(2-1)中的 γ^{p} 被式(2-7)中的 $\bar{\gamma}^{\mathrm{p}}$ 替代，可以得到

$$l^2 \frac{\mathrm{d}^2 \gamma^{\mathrm{p}}(y)}{\mathrm{d}y^2} + \gamma^{\mathrm{p}}(y) = \bar{\gamma}^{\mathrm{p}} = \frac{\tau_{\mathrm{c}} - \tau}{c} = \gamma^{\mathrm{p}} \tag{2-8}$$

式(2-8)是一个非齐次二阶常微分方程。为了求解该方程，需要考虑下列 3 个条件。

(1)各向同性：局部变量 $\gamma^{\mathrm{p}}(y)$ 应该是一个关于坐标 y 的偶函数：

$$\gamma^{\mathrm{p}}(y) = \gamma^{\mathrm{p}}(-y) \tag{2-9}$$

(2)交界条件：在剪切带与弹性体之间的两个交界处，局部变量 $\gamma^{\mathrm{p}}(y)$ 为零（这是为了确保应变在整个试样内部分布的连续性）：

$$\gamma^{\mathrm{p}}\left(y = \pm\frac{w}{2}\right) = 0 \tag{2-10}$$

(3)实际的剪切带宽度 w 对应于局部变量 $\gamma^{\mathrm{p}}(y)$ 取得最大值：

$$\frac{\mathrm{d}\gamma^{\mathrm{p}}(y)}{\mathrm{d}w} = 0 \tag{2-11}$$

这样，可以推出剪切带的宽度 w 为

$$w = 2\pi l \tag{2-12}$$

应当指出，目前关于剪切带宽度的表达式与 Pamin 和 de Borst(1995)提出的公式是相同的。但是，所采用的推导方法有所不同。根据梯度塑性理论，de Borst 和 Mühlhaus(1992)分析了拉伸应变局部化带宽度及拉伸应变局部化带的拉伸应变率分布规律。通过令试样一端的速度与拉伸应力率的比值达到最大，得到了拉

伸应变局部化带宽度公式。Pamin 和 de Borst(1995)分析了一个无限剪切层的一维剪切问题，通过令剪切层一端的速度与剪切应力率的比值达到最大，得到了拉伸应变局部化带宽度公式，这与 de Borst 和 Mühlhaus(1992)推导拉伸应变局部化带宽度的过程是类似的。

研究人员发现，剪切带宽度与颗粒或骨料直径紧密相关(Roscoe，1970；Mühlhaus and Vardoulakis，1987；Bažant and Pijaudier-Cabot，1989；Vardoulakis and Aifantis，1991；Bardet and Proubet，1992；Alshibli and Sture，1999；Wong，2000；Tejchman and Gudehus，2001；Huang et al.，2002；Huang and Bauer，2003；Tejchman，2005)。Bažant 和 Pijaudier-Cabot(1989)根据断裂能(单位面积消耗的能量)与单位体积消耗的能量的比率估算了混凝土的内部长度，得到的内部长度大致是最大骨料直径的 2.7 倍。因此，根据式(2-12)可以发现，剪切带宽度大致是最大骨料直径的 17 倍。Mühlhaus 和 Vardoulakis(1987)应用 Cosserat 理论，得到的剪切带宽度大致是平均颗粒直径的 16 倍。Vardoulakis 和 Aifantis(1991)将二阶梯度引入到流动准则中，得到的剪切带宽度大致是平均颗粒直径的 20 倍。对于密砂，Roscoe(1970)观测的剪切带宽度大致是平均颗粒直径的 10~15 倍。Bardet 和 Proubet(1992)采用离散单元法，对平面应变试样进行了数值模拟，得到的剪切带宽度大致是平均颗粒直径的 7.5~9.0 倍。在围压 100~750kPa 时，Wong(2000)观测的剪切带宽度大致是平均颗粒直径的 10 倍；在 5kPa 的围压时，剪切带宽度大致是平均颗粒直径的 13 倍。对于多种砂，Alshibli 和 Sture(1999)发现的剪切带宽度大致是平均颗粒直径的 10~14 倍。

2.1.4 总剪切应变分布及常剪切应变点

利用式(2-8)～式(2-10)及式(2-12)，可以推导出剪切带的局部塑性剪切应变 $\gamma^p(y)$ 的解析式：

$$\gamma^p(y) = \frac{\tau_c - \tau}{c}\left(1 + \cos\frac{y}{l}\right) = \gamma^p\left(1 + \cos\frac{y}{l}\right) \tag{2-13}$$

当 $y = 0$ 时，$\gamma^p(y)$ 达到最大值 γ_m^p。γ_m^p 是经典弹塑性理论框架之内的塑性剪切应变 γ^p 的 2 倍：

$$\gamma_m^p = \gamma^p(y = 0) = 2\gamma^p \tag{2-14}$$

剪切带的弹性应变 γ^e 被假定是均匀分布的，根据剪切胡克定律(图 2-4)，有

$$\gamma^e = \frac{\tau}{G} \tag{2-15}$$

剪切带的总剪切应变分布 $\gamma(y)$ 等于弹性及局部塑性剪切应变分布之和：

$$\gamma(y) = \gamma^{e} + \gamma^{p}(y) \tag{2-16}$$

将式 (2-13) 及式 (2-15) 代入式 (2-16)，可以得到

$$\gamma(y) = \frac{\tau}{G} + \frac{\tau_{c} - \tau}{c}\left(1 + \cos\frac{y}{l}\right) \tag{2-17}$$

当 $y=0$ 时，$\gamma(y)$ 达到最大值 γ_{m}：

$$\gamma_{m} = \gamma(y=0) = \frac{\tau}{G} + 2\frac{\tau_{c} - \tau}{c} \tag{2-18}$$

式 (2-17) 可以表示为

$$\gamma(y) = \left[\frac{1}{G} - \frac{1}{c}\left(1 + \cos\frac{y}{l}\right)\right]\tau + \frac{\tau_{c}}{c}\left(1 + \cos\frac{y}{l}\right) \tag{2-19}$$

若

$$\frac{1}{G} - \frac{1}{c}\left(1 + \cos\frac{y}{l}\right) = 0 \tag{2-20}$$

$\gamma(y)$ 将不依赖于 τ。利用式 (2-20)，可以得到

$$y = l\arccos\left(\frac{c}{G} - 1\right) \tag{2-21}$$

式中，$-1 < c/G - 1 < 1$，而且，$y \in [0, \pi l]$。

在此，将剪切带上局部剪切应变为常数的位置称为常剪切应变点。由于 $\gamma(y)$ 关于 y 对称，因此，对于剪切带的任一法向剖面，有两个常剪切应变点。一个点的坐标已由式 (2-21) 给出。由于对称性，另一个点的坐标位于 $y = l\arccos(c/G - 1) - \pi l$。对于较长的剪切带，常剪切应变点形成两条垂直于 y 轴的直线。因此，称为常剪切应变线更合适些。

对于绝大多数岩土材料，在峰值强度之后，随着试样承载能力的降低，快速回跳并不发生。这是由于塑性变形的增加量大于弹性变形的降低量 (He et al., 1990)。为了确保剪切带不出现快速回跳，c 应该小于 G。见式 (2-21)，常剪切应变点的存在要求 $0 < c < 2G$。所以，这一条件是易于满足的，除非某些极脆的岩土材料 ($c > 2G$)。因此，通常，常剪切应变点存在。

若式 (2-20) 或者式 (2-21) 被满足，有

$$\gamma\left[y=l\arccos\left(\frac{c}{G}-1\right)\right]\equiv\frac{\tau_c}{c} \tag{2-22}$$

2.2　剪切带的局部剪切应变率、位移及速度分布

2.2.1　剪切带的局部剪切应变率

利用式(2-13)，可以得到局部塑性剪切应变率 $\dot{\gamma}^p(y)$：

$$\dot{\gamma}^p(y)=\frac{-\dot{\tau}}{c}\left(1+\cos\frac{y}{l}\right) \tag{2-23}$$

式中，$\dot{\tau}$ 为剪切应力卸载率。在应变软化阶段，随着塑性剪切应变的增加，剪切应力降低，因此，$\dot{\tau}$ 为负。

根据式(2-19)，总局部剪切应变率 $\dot{\gamma}(y)$ 为

$$\dot{\gamma}(y)=\left[\frac{1}{G}-\frac{1}{c}\left(1+\cos\frac{y}{l}\right)\right]\dot{\tau} \tag{2-24}$$

利用式(2-8)及式(2-14)，可以得到最大局部塑性剪切应变率 $\dot{\gamma}_m^p$ 为

$$\dot{\gamma}_m^p=2\dot{\gamma}^p=-2\frac{\dot{\tau}}{c} \tag{2-25}$$

根据式(2-18)，可以得到最大局部剪切应变率 $\dot{\gamma}_m$ 为

$$\dot{\gamma}_m=\left(\frac{1}{G}-\frac{2}{c}\right)\dot{\tau} \tag{2-26}$$

将式(2-21)代入式(2-24)，有

$$\dot{\gamma}\left[y=l\arccos\left(\frac{c}{G}-1\right)\right]=\dot{\gamma}\left[y=l\arccos\left(\frac{c}{G}-1\right)-\pi l\right]\equiv 0 \tag{2-27}$$

2.2.2　剪切带的变形及速度

对式(2-13)关于坐标 y 积分，可以得到剪切带的塑性剪切位移分布：

$$s^p(y)=\int_0^y\gamma^p(y)\mathrm{d}y=\frac{\tau_c-\tau}{c}\left(y+l\sin\frac{y}{l}\right) \tag{2-28}$$

对式(2-17)关于坐标 y 积分，可以得到剪切带的总剪切位移分布：

$$s(y) = \int_0^y \gamma(y)\mathrm{d}y = \frac{\tau}{G}y + \frac{\tau_\mathrm{c} - \tau}{c}\left(y + l\sin\frac{y}{l}\right) \tag{2-29}$$

对式(2-23)关于坐标 y 积分，可以得到剪切带的不可恢复剪切速度(或称为塑性剪切速度)分布：

$$v^\mathrm{p}(y) = \int_0^y \dot{\gamma}^\mathrm{p}(y)\mathrm{d}y = -\frac{\dot{\tau}}{c}\left(y + l\sin\frac{y}{l}\right) = \dot{s}^\mathrm{p}(y) \tag{2-30}$$

对式(2-24)关于坐标 y 积分，可以得到剪切带的总剪切速度分布：

$$v(y) = \int_0^y \dot{\gamma}(y)\mathrm{d}y = \frac{\dot{\tau}}{G}y - \frac{\dot{\tau}}{c}\left(y + l\sin\frac{y}{l}\right) = \dot{s}(y) \tag{2-31}$$

2.3　剪切带两盘的相对剪切位移、速度及其梯度

2.3.1　剪切带两盘的相对剪切位移和速度

见式(2-28)，塑性剪切位移分布是一个关于坐标 y 的奇函数。在剪切带的两个边界，塑性剪切位移达到最大值。剪切带两盘的相对塑性剪切位移 s_r^p 可以写成

$$s_\mathrm{r}^\mathrm{p} = s^\mathrm{p}\left(y = \frac{w}{2}\right) - s^\mathrm{p}\left(y = -\frac{w}{2}\right) = 2s^\mathrm{p}\left(y = \frac{w}{2}\right) \tag{2-32}$$

塑性剪切位移的最大值 $s^\mathrm{p}(y = 0.5w)$ 由式(2-28)计算：

$$s^\mathrm{p}\left(y = \frac{w}{2}\right) = \frac{\tau_\mathrm{c} - \tau}{2c}w \tag{2-33}$$

利用式(2-8)、式(2-32)及式(2-33)，可以得到相对塑性剪切位移 s_r^p：

$$s_\mathrm{r}^\mathrm{p} = \frac{\tau_\mathrm{c} - \tau}{c}w = \gamma^\mathrm{p}w \tag{2-34}$$

类似于塑性剪切位移分布，总剪切位移分布也是一个关于坐标 y 的奇函数，见式(2-29)。剪切带两盘的相对总剪切位移 s_r 为

$$s_\mathrm{r} = s\left(y = \frac{w}{2}\right) - s\left(y = -\frac{w}{2}\right) = 2s\left(y = \frac{w}{2}\right) = \frac{\tau}{G}w + \frac{\tau_\mathrm{c} - \tau}{c}w = \gamma w \tag{2-35}$$

式中，γ 为经典弹塑性理论框架之内的剪切带的总剪切应变，可以表示为

$$\gamma = \gamma^e + \gamma^p = \frac{\tau}{G} + \frac{\tau_c - \tau}{c} \tag{2-36}$$

见式 (2-30)，不可恢复剪切速度也是一个奇函数。根据式 (2-30)、式 (2-32) 及式 (2-34)，剪切带两盘的相对不可恢复剪切速度 v_r^p 为

$$v_r^p = v^p\left(y = \frac{w}{2}\right) - v^p\left(y = -\frac{w}{2}\right) = 2v^p\left(y = \frac{w}{2}\right) = -\frac{\dot{\tau}}{c}w = \dot{\gamma}^p w = \dot{s}_r^p \tag{2-37}$$

利用式 (2-31)、式 (2-35) 及式 (2-36)，剪切带两盘的相对剪切速度为

$$v_r = v\left(y = \frac{w}{2}\right) - v\left(y = -\frac{w}{2}\right) = 2v\left(y = \frac{w}{2}\right) = \frac{\dot{\tau}}{G}w - \frac{\dot{\tau}}{c}w = \dot{\gamma}w = \dot{s}_r \tag{2-38}$$

2.3.2　相对剪切位移和速度的梯度

根据式 (2-28) 及式 (2-13)，塑性剪切位移梯度为

$$\frac{\mathrm{d}s^p(y)}{\mathrm{d}y} = \frac{\tau_c - \tau}{c}\left(1 + \cos\frac{y}{l}\right) = \gamma^p(y) \tag{2-39}$$

根据式 (2-29) 及式 (2-17)，总剪切位移梯度为

$$\frac{\mathrm{d}s(y)}{\mathrm{d}y} = \frac{\tau}{G} + \frac{\tau_c - \tau}{c}\left(1 + \cos\frac{y}{l}\right) = \gamma(y) \tag{2-40}$$

根据式 (2-30) 及式 (2-23)，不可恢复剪切速度梯度为

$$\frac{\mathrm{d}v^p(y)}{\mathrm{d}y} = \frac{-\dot{\tau}}{c}\left(1 + \cos\frac{y}{l}\right) = \dot{\gamma}^p(y) \tag{2-41}$$

根据式 (2-31) 及式 (2-24)，总剪切速度梯度为

$$\frac{\mathrm{d}v(y)}{\mathrm{d}y} = \frac{\dot{\tau}}{G} - \frac{\dot{\tau}}{c}\left(1 + \cos\frac{y}{l}\right) = \dot{\gamma}(y) \tag{2-42}$$

在两个常剪切应变点之间，式 (2-20) 左端第 1 项小于式 (2-20) 左端第 2 项。这样，总剪切应变率为正。这意味着和弹性剪切应变的降低相比，局部塑性剪切应

变的增加更占优势。在两个常剪切应变点之外，式(2-20)左端第 1 项大于式(2-20)左端第 2 项，总剪切应变率为负。这反映了局部塑性剪切应变的增加量小于弹性剪切应变的降低量。对于两个常剪切应变点，弹性剪切应变的降低和局部塑性剪切应变的增加处于平衡状态。

对于两个常剪切应变点，总剪切应变与剪切应力无关，总剪切应变率为零，总剪切速度达到最大值或最小值。

根据式(2-42)，总剪切速度的二阶梯度为

$$\frac{\mathrm{d}^2 v(y)}{\mathrm{d}y^2} = \frac{\dot{\tau}}{lc}\sin\frac{y}{l} \tag{2-43}$$

当 $y \in [0, \pi l]$ 时，式(2-43)小于零，因此，$v(y)$ 在一个常剪切应变点处取最大值。当 $y \in [-\pi l, 0]$ 时，式(2-43)大于零，因此，$v(y)$ 在另一个常剪切应变点处取最小值。

2.4　算例及讨论

2.4.1　剪切带的应变及应变率分布的参数研究

图 2-5 至图 2-8 所示分别为剪切带的局部塑性剪切应变、局部总剪切应变、局部塑性剪切应变率及局部总剪切应变率分布。

剪切带的局部塑性剪切应变、局部总剪切应变、局部塑性剪切应变率及局部总剪切应变率分布是高度不均匀的。在剪切带中心，局部塑性剪切应变、局部总剪切应变、局部塑性剪切应变率及局部总剪切应变率均达到最大值；在剪切带两个边界，它们达到最小值。

较小的剪切应力、剪切软化模量及剪切带宽度使塑性剪切应变及总剪切应变分布变得陡峭，见图 2-5 及图 2-6(a~c)。较小的剪切应力率(但绝对值较大)、剪切软化模量及剪切带宽度使局部塑性剪切应变率及局部总剪切应变率分布变得陡峭，见图 2-7 及图 2-8(a~c)。

剪切带的局部塑性剪切应变、局部总剪切应变、局部塑性剪切应变率及局部总剪切应变率的最大值与剪切带宽度无关，见图 2-5(c)、图 2-6(c)、图 2-7(c) 及图 2-8(c)。若剪切应力或剪切软化模量降低，则局部塑性剪切应变及局部总剪切应变的最大值增加，见图 2-5(a~b) 及图 2-6(a~b)。随着剪切应力率或剪切软化模量的降低,局部塑性剪切应变率及局部总剪切应变率的最大值增加,见图 2-7(a~b) 及图 2-8(a~b)。

剪切弹性模量不改变局部总剪切应变及局部总剪切应变率分布的陡峭程度，见图 2-6(d)和图 2-8(d)。较低的剪切弹性模量使局部总剪切应变增加，使局部总剪切应变率降低。

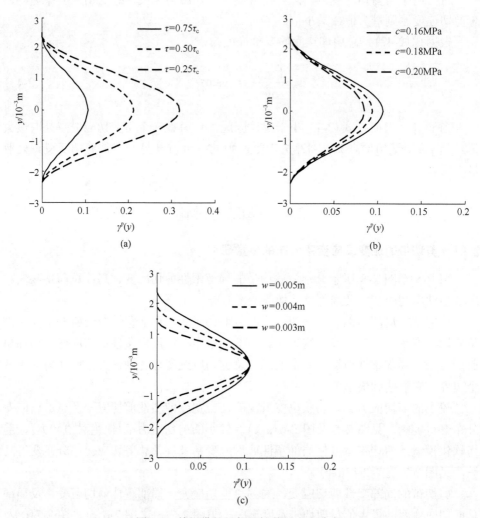

图 2-5　剪切带的局部塑性剪切应变分布

(a)剪切应力的影响($\tau_c = 34$kPa、$c = 0.16$MPa 及 $w = 0.005$m)；(b)剪切软化模量的影响($\tau = 25.5$kPa、$\tau_c = 34$kPa 及 $w = 0.005$m)；(c)剪切带宽度或内部长度的影响($\tau = 25.5$kPa、$c = 0.16$MPa 及 $\tau_c = 34$kPa)

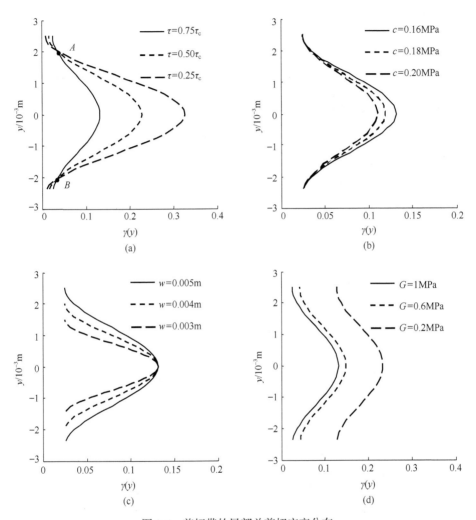

图 2-6　剪切带的局部总剪切应变分布

(a)剪切应力的影响($\tau_c = 34\text{kPa}$、$c = 0.16\text{MPa}$、$G = 1\text{MPa}$ 及 $w = 0.005\text{m}$)；(b)剪切软化模量的影响($\tau_c = 34\text{kPa}$、$\tau = 25.5\text{kPa}$、$w = 0.005\text{m}$ 及 $G = 1\text{MPa}$)；(c)剪切带宽度或内部长度的影响($\tau_c = 34\text{kPa}$、$\tau = 25.5\text{kPa}$、$G = 1\text{MPa}$ 及 $c = 0.16\text{MPa}$)；(d)剪切弹性模量的影响($\tau_c = 34\text{kPa}$、$\tau = 25.5\text{kPa}$、$w = 0.005\text{m}$ 及 $c = 0.16\text{MPa}$)

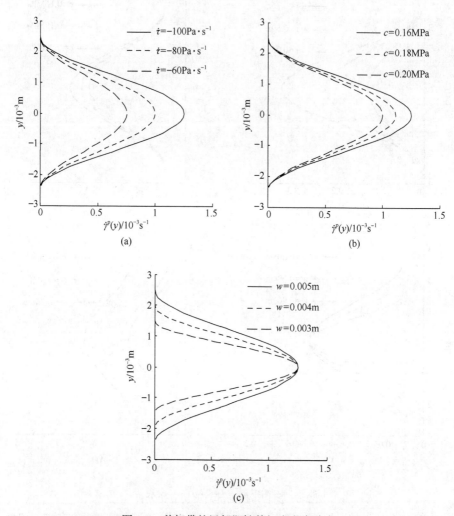

图 2-7 剪切带的局部塑性剪切应变率分布

(a)剪切应力率的影响($c = 0.16$MPa 及 $w = 0.005$m)； (b)剪切软化模量的影响($\dot{\tau} = -100$Pa · s^{-1} 及 $w = 0.005$m)； (c)剪切带宽度或内部长度的影响($c = 0.16$MPa 及 $\dot{\tau} = -100$Pa · s^{-1})

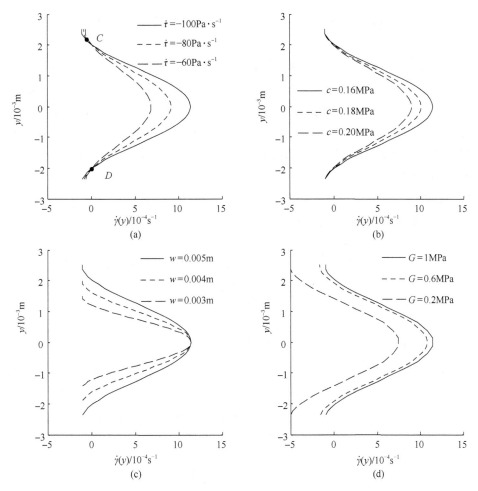

图 2-8　剪切带的局部总剪切应变率分布

(a)剪切应力率的影响($G=1$MPa、$c=0.16$MPa 及 $w=0.005$m)；(b)剪切软化模量的影响($G=1$MPa、

$\dot{\tau}=-100$Pa·s^{-1} 及 $w=0.005$m)；(c)剪切带宽度或内部长度的影响($G=1$MPa、$\dot{\tau}=-100$Pa·s^{-1} 及

$c=0.16$MPa)；(d)剪切弹性模量的影响($c=0.16$MPa、$\dot{\tau}=-100$Pa·s^{-1} 及 $w=0.005$m)

　　两个常剪切应变点在图 2-6(a)中标记为"A"及"B"，在图 2-8(a)中标记为
"C"及"D"。在两个常剪切应变点之间，较低的剪切应力使局部总剪切应变
较高；在两个常剪切应变点之外，较低的剪切应力使局部总剪切应变较低，见
图 2-6(a)。在两个常剪切应变点之间，较低的剪切应力率(但绝对值较高)使局部
总剪切应变率较高；在两个常剪切应变点之外，较低的剪切应力率使局部总剪切
应变率分布较低，见图 2-8(a)。另外，由图 2-8(a)还可以发现，总局部剪切应变
率不总是正的。在两个常剪切应变点之外，总局部剪切应变率为负，这是由于在

剪切带中心弹性剪切应变的降低已经超过了局部塑性剪切应变的增加。

一些研究人员采用非经典弹塑性理论，例如，梯度塑性理论(de Borst and Műhlhaus, 1992; Pamin and de Borst, 1995; Alehossein and Korinets, 2000; Askes et al., 2000; Peerlings et al., 2001)、非局部理论(Bažant and Pijaudier-Cabot, 1988; Tvergaard and Needleman, 1995; Yuan and Chen, 2004)及微极理论(Tejchman and Wu, 1997; Tejchman and Gudehus, 2001; Huang et al., 2002)，模拟了应变局部化带内外的局部塑性应变分布及其随着应力的演变、Cosserat 转动、孔隙度及体积分数等。这些数值结果与图 2-5(a)给出的理论结果在定性上是一致的。

目前获得的剪切带宽度对局部塑性剪切应变分布的影响规律与过去的数值结果在定性上是一致的(de Borst and Műhlhaus, 1992; Pamin and de Borst, 1995; Li and Cescotto, 1996; Alehossein and Korinets, 2000)。然而，这些数值结果还表明，较小的内部长度或应变局部化带宽度使局部剪切或拉伸应变的最大值增加，这与目前的理论结果不一致。

2.4.2　剪切带的位移及速度分布的参数研究

图 2-9~图 2-12 所示分别为剪切带的局部塑性剪切位移、局部总剪切位移、局部不可恢复剪切速度及局部总剪切速度分布规律。可以发现，它们是高度非线性的。这与过去的假设(Molenkamp, 1985; Han and Vardoulakis, 1991; Vardoulakis, 1996; Vardoulakis, 2002)不一致。通常认为，剪切带的速度或位移分布是线性的。

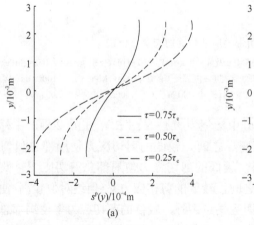

(a)

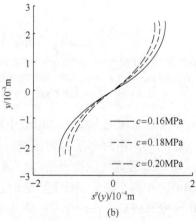

(b)

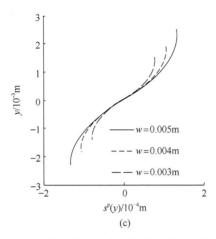

(c)

图 2-9 剪切带的局部塑性剪切位移分布

(a)剪切应力的影响($\tau_c = 34$kPa、$c = 0.16$MPa 及 $w = 0.005$m）；(b)剪切软化模量的影响（$\tau = 25.5$kPa、
$\tau_c = 34$kPa 及 $w = 0.005$m）；(c)剪切带宽度或内部长度的影响（$\tau = 25.5$kPa、$c = 0.16$MPa 及 $\tau_c = 34$kPa）

目前的理论结果表明，在剪切带中心，局部塑性剪切位移、局部总剪切位移、局部不可恢复剪切速度及局部总剪切速度为零，这是由于模型的对称性；在剪切带边界，局部塑性剪切位移、局部总剪切位移及局部不可恢复剪切速度均达到最大值；然而，局部总剪切速度的极值发生在两个常剪切应变点上。

由图 2-9 可以发现，剪切应力和剪切软化模量越低，或剪切带宽度越大，则局部塑性剪切位移-坐标曲线被拉得越长，剪切带两盘的相对塑性剪切位移越大。

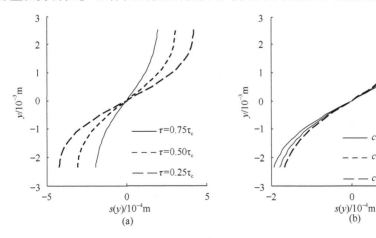

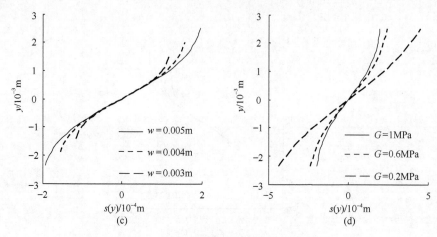

图 2-10　剪切带的局部总剪切位移分布

(a)剪切应力的影响($\tau_c = 34\text{kPa}$、$c = 0.16\text{MPa}$、$G = 1\text{MPa}$ 及 $w = 0.005\text{m}$)；(b)剪切软化模量的影响($\tau_c = 34\text{kPa}$、$\tau = 25.5\text{kPa}$、$w = 0.005\text{m}$ 及 $G = 1\text{MPa}$)；(c)剪切带宽度或内部长度的影响($\tau_c = 34\text{kPa}$、$\tau = 25.5\text{kPa}$、$G = 1\text{MPa}$、及 $c = 0.16\text{MPa}$)；(d)剪切弹性模量的影响($\tau_c = 34\text{kPa}$、$\tau = 25.5\text{kPa}$、$w = 0.005\text{m}$ 及 $c = 0.16\text{MPa}$)

图 2-11 表明，剪切应力率(但绝对值较高)越低，或剪切软化模量越低，或剪切带宽度越大，则局部不可恢复剪切速度-坐标曲线被拉得越长，剪切带两盘的相对不可恢复剪切速度越大。

剪切应力越低，或剪切应力率越低，或剪切软化模量越低，或剪切带宽度越大，则相对总剪切位移及相对总剪切速度越大，见图 2-10(a~c)及图 2-12(a~c)。剪切弹性模量越低，则相对总剪切位移越大，相对总剪切速度越低，见图 2-10(d)及图 2-12(d)。

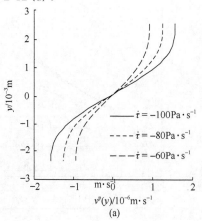

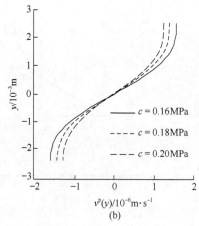

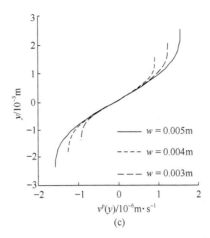

图 2-11　剪切带的局部塑性剪切速度分布

(a) 剪切应力率的影响 ($c = 0.16$MPa 及 $w = 0.005$m)；(b) 剪切软化模量的影响 ($\dot{\tau} = -100$Pa·s^{-1} 及 $w = 0.005$m)；(c) 剪切带宽度或内部长度的影响 ($c = 0.16$MPa 及 $\dot{\tau} = -100$Pa·s^{-1})

　　图 2-10 表明，剪切应力越低，或剪切软化模量越低，或剪切弹性模量越低，或剪切带宽度越大，则局部总剪切位移-坐标曲线被拉得越长。图 2-12 表明，剪切应力越低，或剪切软化模量越低，或剪切带宽度越大，或剪切弹性模量越高，则局部总剪切速度-坐标曲线被拉得越长。

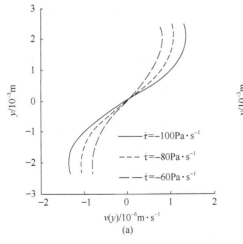

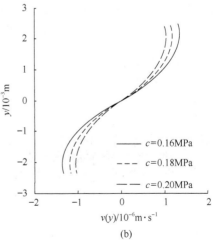

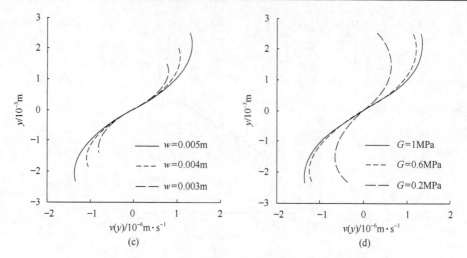

图 2-12　剪切带的局部总剪切速度分布

(a)剪切应力率的影响($G = 1$MPa、$c = 0.16$MPa 及 $w = 0.005$m)；(b)剪切软化模量的影响($G = 1$MPa、

($\dot{\tau} = -100$ Pa·s^{-1} 及 $w = 0.005$m)；(c)剪切带宽度或内部长度的影响($G = 1$MPa、$\dot{\tau} = -100$Pa·s^{-1} 及 $c = 0.16$MPa)；

(d)剪切弹性模量的影响($c = 0.16$MPa、$\dot{\tau} = -100$ Pa·s^{-1} 及 $w = 0.005$m)

　　以前的研究人员主要采用有限元方法(Batra and Kim，1992；Huang et al.，2002)、离散元法(Cundall，1989；Bardet and Proubet，1992；Masson and Martinez，2001)及分子动力学方法(Fu et al.，2003)预测应变局部化带内外的剪切位移分布规律，见图 2-13~图 2-15。目前的理论结果，见图 2-9(a)和图 2-10(a)，与应变局部化带内部的数值结果在定性上是一致的，尤其是与构造地质学领域韧性剪切带和的剪切变形(Ramsay and Huber，1983)相类似，见图 2-16。

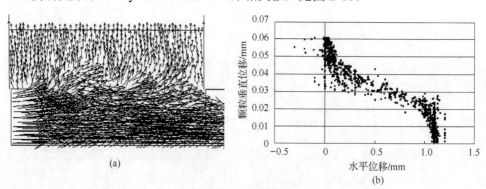

图 2-13　基于离散元的密砂直接剪切实验的数值结果(Masson and Martinez，2001)

(a)颗粒某一瞬间的速度场；(b)颗粒的水平位移分布

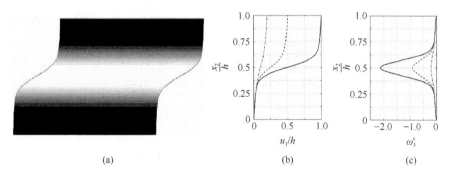

(a)　　　　　　　　　(b)　　　　　　　　　(c)

图 2-14　基于 Cosserat 连续介质模型的砂直接剪切实验的数值结果(Huang et al.，2002)

(a)变形构形下的孔隙比云图；(b)水平位移分布及演变；(c)Cosserat 转动

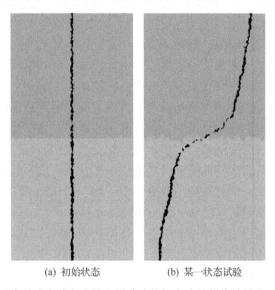

(a) 初始状态　　　　　　(b) 某一状态试验

图 2-15　基于分子动力学方法的金属玻璃剪切实验的数值结果(Fu et al.，2003)

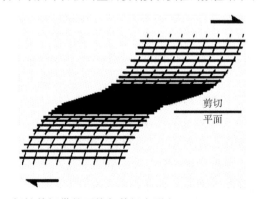

图 2-16　韧性剪切带的不均匀剪切变形(Ramsay and Huber，1983)

应当指出，目前的理论结果表明，剪切带的局部总剪切速度分布是高度非线性的。而且，局部总剪切速度关于坐标是非单调的，局部总剪切速度的最大值和最小值不出现在剪切带边界上，见图 2-12（a~d）。这是由于常剪切应变点的存在。因此，若剪切带的速度被假定为线性分布，并用于计算剪切带的温度、应变及孔隙压力等量的分布，则可能会引入较大的误差。

2.5　本　章　小　结

在应变软化阶段，随着剪切带承载能力的降低，剪切带的局部塑性剪切应变及局部总剪切应变分布变得陡峭；剪切带两盘的相对塑性剪切位移及相对总剪切位移提高。

应力率越低（快速卸载），则剪切带的局部塑性剪切应变率及局部总剪切应变率分布越陡峭，剪切带的局部不可恢复剪切速度及总剪切速度分布越陡峭，剪切带两盘的相对塑性剪切位移及相对总剪切位移越高。

在剪切带中心，局部塑性剪切应变随着剪切应力的降低而增加。在剪切带两个边界，局部塑性剪切应变总是零。在应变软化阶段，由于弹性应变的恢复，剪切带的均匀弹性剪切应变降低。这样，在剪切带的某些特殊位置，局部塑性剪切应变的增加与弹性剪切应变的降低可能达到平衡状态。这些特殊的点称为常剪切应变点。在这些位置，局部总剪切应变是不依赖于剪切应力的常量，局部总剪切应变率是零，局部总剪切速度达到最大值或最小值。

在两常剪切应变点之间，由于局部塑性剪切应变的快速增加，局部总剪切应变率为正；而在两常剪切应变点之外，局部总剪切应变率为负。随着剪切应力的降低，局部总剪切位移-坐标曲线被拉长。类似地，随着剪切应力率的降低，局部总剪切速度-坐标曲线被拉长。

随着剪切软化模量的降低，剪切带的局部塑性剪切应变、局部总剪切应变、局部塑性剪切应变率及局部总剪切应变率分布变得陡峭；剪切带的局部塑性剪切位移、局部总剪切位移、局部不可恢复剪切速度及局部总剪切速度与坐标之间的关系被拉长；相对塑性剪切位移、相对不可恢复剪切速度及相对总剪切速度增大。

随着剪切带宽度或内部长度的降低，剪切带的局部塑性剪切应变、局部总剪切应变、局部塑性剪切应变率及局部总剪切应变率分布变得陡峭。剪切带宽度的增加使相对塑性剪切位移、相对总剪切位移、相对不可恢复剪切速度及相对总剪切速度增加。随着剪切带的变宽，剪切带的局部塑性剪切位移、局部总剪切位移、局部不可恢复剪切速度及局部总剪切速度与坐标之间的关系被拉长。

剪切弹性模量的降低使局部总剪切应变增加，使局部总剪切应变率降低，使相对总剪切位移增加，使相对总剪切速度降低，使局部总剪切速度-坐标曲线变得弯曲，使局部总剪切位移-坐标曲线拉长。

目前，基于梯度塑性理论的理论结果表明，由于微小结构之间的相互影响和作用，剪切带的局部剪切应变及局部剪切应变率分布是高度不均匀的；局部剪切位移及局部速度分布是高度非线性的。甚至，剪切带的局部总剪切速度关于坐标是非单调的。这些结果对通常采用的剪切带的速度或位移线性分布假定提出了挑战。特别地，对于韧性较强的高弹性且质地较粗糙的材料，剪切带的局部总剪切速度非线性分布特征更加显著，不容忽视。另外，在剪切带中心，对于快速卸载情形，局部剪切速度梯度较高。传统的剪切带的速度或位移线性分布假定仅适用于应变软化阶段慢速卸载情形。若剪切带的线性速度分布假定被用于计算其他变量的分布，则可能会引入较大的误差。

第3章　直接剪切条件下剪切带-弹性体系统的稳定性分析

建立了剪切应力与剪切带相对剪切位移之间的关系。假定受剪切应力作用的试样端面上的总剪切位移等于弹性体位移与剪切带位移之和，提出了剪切带-弹性体系统的剪切应力-剪切位移曲线的解析式，研究了各种因素对系统稳定性的影响。利用能量原理，分析了系统稳定性，提出了系统失稳判据的解析式。对应变局部化、岩爆及II类变形行为之间的关系进行了讨论，发现了系统的失稳判据等价于系统II类变形行为的重要结论。采用了6种方法判别系统的稳定性。提出了试样-试验机(由剪切带及带外弹性体构成)系统的峰后剪切应力-剪切位移曲线的解析式，对试样的快速回跳及试样-试验机系统的快速回跳之间的关系进行了讨论，解释了若干实验现象。

3.1　基于位移法的剪切带-弹性体的稳定性

3.1.1　剪切本构关系

如图 3-1 所示，剪切带两盘的相对剪切位移 d 可以表达为

$$d = 2\int_0^{w/2} \gamma(y)\mathrm{d}y = \frac{\tau}{G}w + \frac{\tau_c - \tau}{c}w \tag{3-1}$$

式中，d 与式 (2-35) 中的 s_r 含义相同。

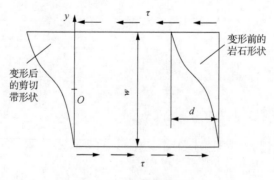

图 3-1　剪切带的变形

由式(3-1)可以得到

$$\tau = \frac{\tau_e G}{w(G-c)} - \frac{cG}{w(G-c)}d \tag{3-2}$$

在应变软化阶段，为了确保随着剪切应力 τ 的降低，d 增加，应该有

$$\frac{\mathrm{d}\tau}{\mathrm{d}d} = -\frac{cG}{w(G-c)} = -\frac{\lambda}{w} < 0 \tag{3-3}$$

也就是说，剪切软化模量 c 应该小于剪切弹性模量 G。λ 既和 G 有关，又和 c 有关，可称为剪切弹塑性模量。λ 是剪切应力 τ-剪切应变 γ 曲线软化段的斜率的绝对值。

式(3-2)表明，在峰后，τ 与 d 呈线性关系。在峰前，有

$$d = 2\int_0^{w/2} \gamma^e \mathrm{d}y = \frac{\tau}{G}w \tag{3-4}$$

因此，在弹性及应变软化阶段，τ 与 d 之间的关系可以表示为双线性形式，见图3-2。式(3-2)和式(3-4)是剪切本构关系。除了剪切带宽度 w，剪切本构关系还和剪切软化模量 c 及剪切弹性模量 G 有关。λ 越大，或 c 越大，或 G 越小，或 l 越小，则峰后的本构关系越陡峭。

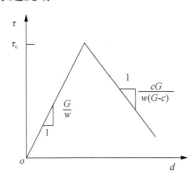

图 3-2　剪切带的剪切应力与剪切位移之间的本构关系

3.1.2　基于位移法的剪切带-弹性体的应力-位移曲线

设剪切带两盘弹性体的宽度均为 $L/2$，剪切带和两盘的弹性体构成 1 个系统，见图3-3。剪切带两盘弹性体的相对剪切位移 d 可以表示为

$$d = d^e + d^p \tag{3-5}$$

式中，d^e、d^p 分别为弹性位移及塑性位移：

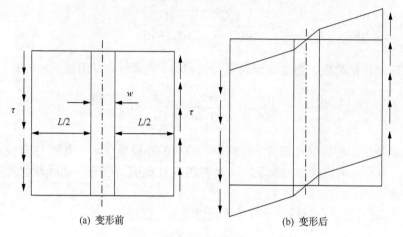

(a) 变形前　　　　　　　　　　(b) 变形后

图 3-3　剪切条件下剪切带-弹性体系统的几何尺寸及变形

$$d^e = 2\int_0^{\frac{L}{2}+\frac{w}{2}} \gamma^e \mathrm{d}y = \frac{\tau}{G}(L+w) \tag{3-6}$$

$$d^p = 2\int_0^{\frac{w}{2}} \gamma^p \mathrm{d}y = \frac{\tau_c - \tau}{c} \cdot w \tag{3-7}$$

利用式 (3-5)、式 (3-6) 及式 (3-7)，可以得到

$$\tau = \frac{G\lambda}{\lambda L - Gw} \cdot d - \frac{G+\lambda}{\lambda L - Gw} \cdot \tau_c w \tag{3-8}$$

由式 (3-8) 可见，在应变软化阶段，$\tau - d$ 关系呈线性，见图 3-4。当不考虑剪切带两盘弹性体的宽度时，$L = 0$，式 (3-8) 则简化为式 (3-2)。在弹性阶段，$\tau - d^e$ 关系呈线性，见式 (3-6)。因此，$\tau - d$ 的双线性关系既依赖于材料的本构参数，又依赖于弹性体的结构尺寸。

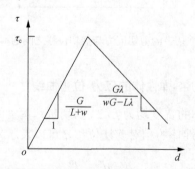

图 3-4　剪切条件下剪切带-弹性体系统的剪切应力与剪切位移之间的关系

3.1.3　剪切带-弹性体系统稳定性的参数研究

1. 两盘弹性体尺寸的影响

设 $\tau - d$ 关系软化段的斜率为 k，由式(3-8)可见，当 L 较小时，k 为负，$\tau - d$ 关系软化段呈现 I 类变形行为；当 L 较大时，k 为正，$\tau - d$ 关系呈现 II 类变形行为，即出现快速回跳现象，这意味着系统发生剧烈的失稳。因此，两盘弹性体的尺寸越大，系统越容易发生失稳。反之，则不然。系统的稳定性具有尺寸效应。

2. 材料脆性的影响

随着 λ 的增加，k 由负变为正。因此，随着 λ 的增加，系统容易发生失稳。

3. 剪切带宽度的影响

剪切带宽度(或内部长度) w 越小，则 $\tau\text{-}d$ 关系越容易呈现 II 类变形行为，系统越容易失稳。若材料的内部长度较小，则剪切带内部的材料将承受较大的应变梯度，这会对系统的稳定性有不利的影响。反之，则不然。

4. w/λ 的影响

w/λ 越小，则 $\tau\text{-}d$ 关系软化段越容易呈现 II 类变形行为，系统越容易失稳。反之，则不然。

5. G/λ 的影响

G/λ 越小，则 $\tau\text{-}d$ 关系软化段越容易呈现 II 类变形行为，系统越容易失稳。反之，则不然。可将剪切带比作"试样"，带外弹性体比作"试验机"。因此，随着"试验机"剪切刚度的降低，"试样"-"试验机"系统容易失稳。这与众所周知的观点(试验机的刚度越小，则试样-试验机系统越容易失稳)是一致的。

3.2　基于能量方法的剪切带-弹性体系统的稳定性

直剪实验的示意图见图 3-5(a)。剪切应变局部化启动后，在试样内部将形成一条水平的剪切带。最终，将在剪切带中部产生宏观的剪切断裂面。可以将图 3-5(a)中的试样及剪切盒简化为图 3-5(b)所示的力学模型，力 P 为模型所受到的剪切力。可以将力 P 等效到模型的端面上。设试样端面上的剪切应力为 τ，带外弹性体的剪切弹性模量为 G，剪切刚度为 K，模型的总剪切位移为 u_0，剪切带的剪切位移为 u。可将带外弹性体简化为一个等效高度为 L、底面积为 A 的块体。设块体的

剪切应变为 γ，剪切应力为 τ，剪切位移为 $u_0 - u$。剪切应变 γ 可以表示为

$$\gamma = \frac{u_0 - u}{L} \tag{3-9}$$

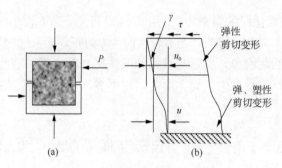

图 3-5　直剪实验及其力学模型

假设块体的本构关系满足线弹性剪切胡克定律：$\tau = G_0 \gamma$。力 P 为

$$P = A\tau = G_0 A \frac{u_0 - u}{L} = K(u_0 - u) \tag{3-10}$$

外力功为

$$W = \int_0^u P\mathrm{d}u = \int_0^u K(u_0 - u)\mathrm{d}u = Ku_0 u - 0.5Ku^2 \tag{3-11}$$

剪切带的弹性应变能 U_E 与塑性耗散能 U_S 之和为剪切带的本构关系（$f(u) - u$ 曲线）所围的面积：

$$U_\mathrm{E} + U_\mathrm{S} = \int_0^u f(u)\mathrm{d}u \tag{3-12}$$

因此，系统的总势能为

$$\Pi = U_\mathrm{E} + U_\mathrm{S} - W = -Ku_0 u + 0.5Ku^2 + \int_0^u f(u)\mathrm{d}u \tag{3-13}$$

平衡条件为

$$\frac{\mathrm{d}\Pi}{\mathrm{d}u} = 0，\quad 即\ P = f(u) \tag{3-14}$$

系统失稳条件为

$$\frac{\mathrm{d}^2 \Pi}{\mathrm{d} u^2} \le 0 , \quad \text{即} \ K + f'(u) \le 0 \tag{3-15}$$

由于 $P = f(u) = A\tau$，式(3-15)可以表达为

$$K + A\frac{\mathrm{d}\tau}{\mathrm{d}u} \le 0 \tag{3-16}$$

再根据式(3-3)和式(3-10)，可以得到系统的失稳判据为

$$Gw \le L\lambda \tag{3-17}$$

由式(3-17)可以发现，峰后的剪切本构关系越陡峭，或材料的内部长度越小，或带外弹性体的剪切刚度越小，或等效高度越大，则系统越容易发生失稳。G/L 取决于带外弹性体的本构关系及几何尺寸，λ/w 由峰后剪切本构关系及材料的非均质性决定。G/L 越小，或 λ/w 越大，则系统越容易失稳。

系统的失稳判据也可以通过下述方法获得。当剪切带刚启动时，可认为其上的剪切应力处于抗剪强度，$\tau_c = F_c / A$。此时，若外界存在微小扰动，使剪切带的承载能力下降了 $\Delta F = F_c - F$。剪切带一半的弹性应变能增量 ΔU_E 与塑性耗散能增量 ΔU_S 之和为一梯形的面积，该梯形的上底为 F_c，下底为 F，高为 Δu（剪切位移增量），Δu 可以表示为

$$\Delta u = \frac{\Delta F w}{2A\lambda} \tag{3-18}$$

因此，ΔU_E 与 ΔU_S 之和为

$$\Delta U_E + \Delta U_S = \frac{(F + F_c)\Delta F w}{4A\lambda} \tag{3-19}$$

带外一侧弹性体的弹性应变能改变量 ΔW 为一梯形的面积，该梯形的上底为 F_c，下底为 F，高为 Δu_e（弹性剪切位移改变量），Δu_e 为

$$\Delta u_e = \frac{\Delta F L}{AG} \tag{3-20}$$

因此，ΔW 为

$$\Delta W = \frac{(F + F_c)\Delta F L}{2AG} \tag{3-21}$$

系统失稳条件为剪切带一半的势能增量小于带外一侧弹性体弹性应变能改

变量：

$$\Delta U_E + \Delta U_S < \Delta W \tag{3-22}$$

利用上式，可以得到与式(3-17)相同的失稳判据。

无论取剪切带及弹性体为一个系统，还是取其一半，所得到的失稳判据都是相同的。

受采动的影响，剪切带或断层带所受围压将降低，相当于 λ 增加，失稳判据容易满足。因此，围压降低可能诱发断层失稳(潘一山等，1998a)。当采深非常大时，剪切带或断层带所受围压非常高，此时 λ 非常小，失稳判据不容易满足，不容易诱发断层失稳。当采深过小时，剪切应变局部化尚未启动。因此，当采深适度时最容易诱发断层失稳。这与地震通常发生在距离地面 20km 处是类似的，只是尺度不同而已。

剪切条件下剪切带-弹性体系统的稳定性不仅取决于材料的本构特性，还与弹性体的特性及尺寸有关。类似地，自然界广泛存在的剪切带或断层带-围岩系统的稳定性不仅取决于剪切带处的材料特性，还取决于对该系统进行加载的地质体的特性及尺寸。

剪切带或断层带-弹性体系统的失稳判据的适用范围为剪切应变局部化启动后的应变软化阶段。有助于剪切应变局部化启动的因素都可能诱发断层失稳。例如，采煤工作面向断层推进会使断层位置剪切应力增加，有助于剪切应变局部化启动，可能诱发断层失稳(潘一山等，1998a)；开采深度较大时，断层位置剪切应力水平较高，加之附加采动剪切应力，有助于剪切应变局部化启动，可能诱发断层失稳(潘一山等，1998a)。但是，当开采深度达到一定后，尽管采动可能诱发剪切应变局部化启动，但不一定会造成失稳，因为失稳判据不容易满足。

3.3　试样的快速回跳准则以及试样快速回跳与系统快速回跳之间的关系

3.3.1　应变局部化、岩爆及II类变形行为的讨论

1. 应变局部化与岩爆

Linkov(1996)在讨论不稳定性与岩爆之间的关系时，涉及了应变局部化。他指出，应变局部化只不过是分叉的表现。Alber 和 Hauptfleisch(1999)指出，在巷道的拱顶和拱底明显可见"V"形的岩爆坑，这些区是严重的损伤(破坏)区。Ewy 和 Cook(1990)的实验结果与上述结果是类似的，所有的破裂都发生在巷道的两对

面，且岩石剥离的平面与巷道表面相切。Alsiny 等(1992)的实验表明，围岩中强烈的剪切带是弯曲的，贯穿试样的外边界。Guenot(1989)进行的石灰岩中空圆柱实验表明，纵然对均质岩石试样施加各个方向均相同的荷载，也观测不到各个方向均相同的破坏，岩爆坑呈三角形。Guenot(1989)指出，Santarelli 对各种材料试样进行了复杂的实验，对于石炭纪砂岩，岩爆坑的形状与南非大采深矿井中经常观测到的形状类似，呈"狗耳形"，对于白云岩，岩爆明显是由剪切带造成的。

　　国内的大量文献也表明了岩爆的应变局部化特征，例如，岩爆部位在拱顶偏左(周维垣，1990；乐晓阳等，1999)；岩爆部位基本上在洞的两对面(周德培和洪开荣，1995)；岩爆多发生在拱顶(陆家佑，1998)。

　　上述实验结果都表明，岩爆的发生是局部的。换言之，在洞室或巷道周边除了发生应变局部化破坏之外的其他位置，岩石未被破坏，仍处于弹性状态。所以，岩爆具有应变局部化特征，应变局部化是岩爆的前兆之一，可将岩爆问题视为应变局部化问题来研究。

2. 应变局部化与 II 类变形行为

　　Wawersik 和 Fairhurst(1970)得到了多种岩石试样的应力-应变曲线，将其划分为 I 类变形行为和 II 类变形行为，分别对应于稳定变形及非稳定变形。Hudson 等(1972)认为局部破坏区可能是单轴压缩试样快速回跳的原因。他们认为，试样某些区在加载过程中被破坏，但试样其他区仍然保持完整状态或弹性状态，并且将处于卸载状态。峰值强度之后，高强混凝土试样的应力-位移曲线呈现 II 类变形行为(Jansen and Shah，1997)。根据 Subramaniam(1998)的阐述，快速回跳的原因是损伤局部化，与此同时，试样的未破坏区将发生弹性恢复。Bažant(1994)分析了拉拔的尺寸效应问题，认为尺寸效应是界面(位于纤维或锚杆与周围的基体之间)剪切应力-滑动位移关系软化不可避免的后果，大尺寸试样容易发生快速回跳，应变局部化是尺寸效应的原因。II 类变形行为的原因被 Wong(1982)归于剪切应变局部化，他侧重于强调剪切平面上的剪切应力-剪切位移关系。He 等(1990)提出了一个简单的弹簧模型用于描述 II 类变形行为，研究了 I 类变形行为和 II 类变形行为的差异。他们认为，若非弹性应变的增加快于弹性应变的降低，则出现 I 类变形行为；反之，则出现 II 类变形行为。de Borst 和 Mühlhaus(1992)研究了直杆的单向拉伸问题，并得到了 II 类变形行为条件的解析式。在此基础上，潘一山等(1998b，1999)、潘一山和魏建明(2002)讨论了 II 类变形行为条件(快速回跳条件)及压缩应变局部化导致的尺寸效应等问题。

　　上述结果表明，应变局部化是 II 类变形行为的原因。但对于 II 类变形行为而言，仅有应变局部化还不够。

3. 岩爆和Ⅱ类变形行为

当利用试验机对试样进行加载时，系统失稳条件(Hudson et al.，1972)为 $k_m + f'(\delta_s) > 0$，$f'(\delta_s)$ 为试样力-位移曲线软化段的导数，k_m 为试验机的刚度。若总有 $f'(\delta_s) < 0$，则系统是稳定的。若 $f'(\delta_s) \to -\infty$，则系统是不稳定的，更别说Ⅱ类变形行为了。因此，若出现Ⅱ类变形行为，则系统必定是不稳定的，试样将猛烈地发生失稳破坏，其破坏的猛烈程度将大于Ⅰ类变形行为的。实验室中试样的这种失稳破坏类似于现场突然发生的猛烈岩爆。在岩爆现场取样的单轴压缩实验证实了上述分析。

根据吴玉山和林卓英(1987)的阐述，岩爆的前提条件之一是应力-位移曲线呈现Ⅱ类变形行为。除非在峰后存在剩余的能量，否则，岩爆的猛烈破坏是不会发生的。若Ⅱ类变形行为发生，则恰好满足上述条件。周德培和洪开荣(1995)也讨论了岩爆的发生与Ⅱ类变形行为的关系。

因此，可以得出，若Ⅱ类变形行为发生，则岩爆必定会发生。

3.3.2　岩爆的快速回跳准则

1. 快速回跳准则及失稳判据

利用式(2-12)及式(3-17)，剪切带-弹性体系统的失稳判据可以表示为

$$L\lambda > 2\pi l G \tag{3-23}$$

式(3-8)提出了剪切应力 τ 与相对剪切位移 d 之间的关系，软化段曲线的斜率为

$$\frac{\mathrm{d}\tau}{\mathrm{d}d} = \frac{G\lambda}{\lambda L - Gw} \tag{3-24}$$

由式(3-24)，可以得到Ⅱ类变形行为的条件：

$$\lambda L - Gw > 0 \tag{3-25}$$

式(3-23)与式(3-25)是相同的。因此，剪切带-弹性体系统的失稳判据与Ⅱ类变形行为的条件是等同的。这就从理论上证明了，若以剪切带作为"试样"，将带外弹性体看作"试验机"，则"试样"-"试验机"系统的Ⅱ类变形行为的条件就是这一系统的失稳判据。因此，Ⅱ类变形行为的条件即为岩爆准则。

2. 快速回跳准则的若干种等价形式

可以采用另外两种视角来研究Ⅱ类变形行为的条件。对于图 3-3 所示的一维

剪切问题，在应变软化阶段，仍有 $\gamma^{e}=\tau/G$，γ^{e} 为弹性剪切应变，τ 为剪切应力，弹性剪切应变的增量可以表示为

$$\Delta\gamma^{e}=\Delta\tau/G \tag{3-26}$$

在应变软化阶段，$\Delta\tau(<0)$ 为剪切应力的增量。

在经典弹塑性理论框架之内，根据式 (2-13)，塑性剪切应变的增量 $\Delta\gamma^{p}$ 为

$$\Delta\gamma^{p}=-\left(\frac{1}{G}+\frac{1}{\lambda}\right)\Delta\tau \tag{3-27}$$

根据式 (3-26)，可得到弹性剪切位移 s^{e} 的增量 Δs^{e} 为

$$\Delta s^{e}=\Delta\gamma^{e}(L+w)=\frac{\Delta\tau(L+w)}{G} \tag{3-28}$$

根据式 (3-27)，可得到塑性剪切位移 s^{p} 的增量 Δs^{p} 为

$$\Delta s^{p}=\Delta\bar{\gamma}^{p}w=-\left(\frac{1}{G}+\frac{1}{\lambda}\right)\Delta\tau w \tag{3-29}$$

若非弹性剪切位移的增加慢于弹性剪切位移的降低，则有

$$\Delta s^{p}<\left|\Delta s^{e}\right| \tag{3-30}$$

利用式 (3-28)~式 (3-30)，可以得到与式 (3-23) 及式 (3-25) 同样的结果，所以式 (3-30) 为 II 类变形行为条件的另外一种表述。I 类变形行为的条件为

$$\Delta s^{p}>\left|\Delta s^{e}\right| \tag{3-31}$$

I 类及 II 类变形行为转换的临界条件为

$$\Delta s^{p}=\left|\Delta s^{e}\right| \tag{3-32}$$

I 类及 II 类变形行为的条件也可以通过下列方法获得。弹性区及塑性区的弹性剪切应变均为 $\gamma^{e}=\tau/G$。因此，剪切带-弹性体系统的平均弹性剪切应变 $\bar{\gamma}_{a}^{e}$ 的增量 $\Delta\bar{\gamma}_{a}^{e}$ 为

$$\Delta\bar{\gamma}_{a}^{e}=\frac{\Delta\tau}{G}=\Delta\gamma^{e} \tag{3-33}$$

与弹性剪切应变均匀分布于整个系统中不同，塑性剪切应变 γ^{p} 仅存在于剪切带内部，若人为地将 γ^{p} 平均到整个系统中，可以得到 γ^{p} 在整个系统中的平均值 $\overline{\gamma}_{\mathrm{a}}^{\mathrm{p}}$ 的增量 $\Delta\overline{\gamma}_{\mathrm{a}}^{\mathrm{p}}$：

$$\Delta\overline{\gamma}_{\mathrm{a}}^{\mathrm{p}} = -\left(\frac{1}{G}+\frac{1}{\lambda}\right)\frac{\Delta\tau w}{L+w} = \Delta\overline{\gamma}^{\mathrm{p}}\frac{w}{L+w} \tag{3-34}$$

当平均塑性剪切应变的增加慢于平均弹性剪切应变的降低时，有

$$\Delta\overline{\gamma}_{\mathrm{a}}^{\mathrm{p}} < \left|\Delta\overline{\gamma}_{\mathrm{a}}^{\mathrm{e}}\right| \tag{3-35}$$

利用式(3-35)可以得到与式(3-23)及式(3-25)同样的结果。换言之，式(3-35)、式(3-30)、系统 II 类变形行为的条件及系统失稳判据四者是等价的。反之，$\Delta\overline{\gamma}_{\mathrm{a}}^{\mathrm{p}} > \left|\Delta\overline{\gamma}_{\mathrm{a}}^{\mathrm{e}}\right|$，将出现 I 类变形行为。

可对式(3-30)左、右两边都除以时间增量 Δt，再取极限，可得到 II 类变形行为条件的另一种形式：

$$\dot{s}^{\mathrm{p}} < \left|\dot{s}^{\mathrm{e}}\right| \tag{3-36}$$

同理，根据式(3-35)可以得到

$$\dot{\overline{\gamma}}_{\mathrm{a}}^{\mathrm{p}} < \left|\dot{\overline{\gamma}}_{\mathrm{a}}^{\mathrm{e}}\right| \tag{3-37}$$

上述分析表明，采用不同的 6 种方法，即能量原理、式(3-24)、式(3-30)、式(3-35)~式(3-37)，均可以得到相同的 II 类变形行为的条件，这并非偶然。第四种方法(式(3-35))的思想与 He 等(1990)关于 II 类变形行为的阐述相类似，但不完全相同。He 等(1990)只是定性地说明了 I 类及 II 类变形行为的条件，关于"非弹性应变"及"弹性应变"的表述过于笼统。和前人工作相比，本书从理论上严格地推导出了 I 类及 II 类变形行为的条件，表述更加准确，即"非弹性应变"应该表述为"平均非弹性(或塑性)应变"，而且，还提出了多种等价形式。

最后需要指出，本书中的 II 类变形行为是指"试样"(剪切带)-"试验机"(带外弹性体)系统的 II 类变形行为；系统表现为 II 类变形行为时必失稳，并非"试样"表现为 I 类变形行为时就不失稳。

3.4　试样的稳定性与试样-试验机系统的稳定性

3.4.1　试样-试验机系统的稳定性

设试验机的等效高度为 L_0，剪切弹性模量为 G_0，见图 3-6。

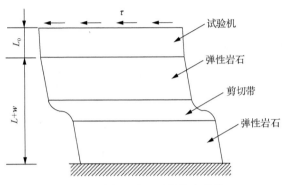

图 3-6　试样-试验机系统的力学模型

试样-试验机系统的剪切总位移为

$$d_t = d + d_0 \tag{3-38}$$

式中，d 由式(3-5)～式(3-7)确定，d_0 为试验机的剪切位移，可以表示为

$$d_0 = \frac{L_0 \tau}{G_0} \tag{3-39}$$

由式(3-5)～式(3-7)、式(3-38)及式(3-39)，可以得到

$$\tau = \frac{GG_0\lambda}{\lambda(G_0L + L_0G) - GG_0w}d_t - \frac{\tau_c wG_0(G+\lambda)}{\lambda(G_0L + L_0G) - GG_0w} \tag{3-40}$$

τ-d_t 曲线软化段的斜率为

$$\frac{d\tau}{dd_t} = \frac{GG_0\lambda}{\lambda(G_0L + L_0G) - GG_0w} \tag{3-41}$$

对于 I 类变形行为，式(3-41)小于零。由式(3-4)可以发现，随着试验机剪切弹性模量 G_0 的减小，τ-d_t 曲线软化段的斜率的绝对值增加，软化段变得陡峭。因

此，试验机剪切弹性模量较小时，系统容易发生失稳。降低试验机剪切弹性模量，则式(3-41)可由负值变为正值，即发生快速回跳或Ⅱ类变形行为。

3.4.2　试样快速回跳与试样-试验机系统快速回跳之间的关系

由于

$$\mathrm{d}d_t = (w + L_0 + L)\mathrm{d}\gamma \tag{3-42}$$

式中，γ 为总剪切应变。因此，在应变软化阶段，τ-γ 关系的斜率为

$$\frac{\mathrm{d}\tau}{\mathrm{d}\gamma} = \frac{GG_0\lambda(w + L_0 + L)}{\lambda(G_0L + L_0G) - GG_0w} = \frac{1}{T} \tag{3-43}$$

$$T = \frac{1}{w + L_0 + L}\left(\frac{L}{G} + \frac{L_0}{G_0} - \frac{w}{\lambda}\right) \tag{3-44}$$

由式(3-17)可以得到试样的快速回跳准则为

$$\lambda L - Gw > 0 \tag{3-45}$$

由式(3-41)或式(3-43)可以得到试样-试验机系统的快速回跳准则为

$$\lambda(G_0L + L_0G) - GG_0w > 0 \tag{3-46}$$

由式(3-43)及式(3-44)可以发现，系统快速回跳准则($\mathrm{d}\tau/\mathrm{d}\gamma > 0$)也可以表达为 $T > 0$：

$$\frac{L}{G} + \frac{L_0}{G_0} - \frac{w}{\lambda} > 0 \tag{3-47}$$

L_0/G_0 为正值，若使式(3-47)成立，则有下列两种可能情形：

$$L\lambda < Gw \tag{3-48}$$

$$L\lambda > Gw \tag{3-49}$$

可以发现，式(3-49)与式(3-45)是等价的，而式(3-48)为试样不发生快速回跳的条件。因此，可以得出：

(1)若试样-试验机系统快速回跳，则不能确定试样是否快速回跳。

(2)L_0/G_0 越大，则试样-试验机系统越容易发生快速回跳，即等效高度越大，或剪切模量越小，则系统越容易发生失稳。

(3)当 L_0/G_0 较大时，无论式(3-48)得到满足，还是式(3-49)得到满足，系统都将快速回跳。因此，当 L_0/G_0 较大时，即使试样不发生快速回跳，系统也会快速回跳。这一结果得到了下列实验现象的佐证。众所周知，当试验机刚度较小时，在单轴压缩实验中，不能得到峰后的应力-应变曲线，这是由于试样-普通试验机系统在峰后的剧烈失稳造成的。也就是说，若采用普通试验机进行加载时，虽试样未快速回跳，但系统已快速回跳。然而，若采用刚性试验机进行加载时，G_0 将增加，使式(3-47)不再满足，即系统不再失稳，则可以得到试样应变软化段的应力-应变曲线。

(4)当 L_0/G_0 较小时，只有当式(3-49)得到满足，式(3-47)才能得到满足。因此，当 L_0/G_0 较小时，只有试样快速回跳，系统才会快速回跳。这一结果的正确性得到了下列实验现象的佐证。众所周知，当采用刚性足够大的试验机(L_0/G_0 较小)进行加载时，若试样的结构响应呈现Ⅰ类变形行为，实验往往都能成功。若试样的结构响应呈现Ⅱ类变形行为，无论刚性试验机的刚度多大，实验仍然不能成功。Labuz 和 Biolz(1991)、潘一山等(1999)已指出，Ⅱ类变形行为在超过峰值强度后，即使在理想的刚性试验机上，变形破坏也无法控制。钱觉时和吴科如(1993)也曾指出，混凝土Ⅱ类变形行为不为人们所熟知，在这种情况下即使采用刚度无限大的试验机，也无法记录和测定这类断裂形式。实际上，当试样表现为Ⅱ类变形行为时，试验机刚度不再是决定系统是否失稳的因素，需采用特殊控制手段才可得到Ⅱ类变形曲线。

系统不快速回跳的条件为 $\mathrm{d}\tau/\mathrm{d}\gamma < 0$：

$$\frac{L}{G} + \frac{L_0}{G_0} - \frac{w}{\lambda} < 0 \tag{3-50}$$

若使式(3-50)成立，必须有

$$\frac{L}{G} - \frac{w}{\lambda} < 0 \tag{3-51}$$

(5)当系统不快速回跳时，试样必不快速回跳。

(6)试样快速回跳，必然导致系统快速回跳。

(7)若试样不快速回跳，则系统可能快速回跳，也可能不快速回跳。该结果是综合结果(1)及结果(5)得到的。

众所周知，岩石材料的峰后本构关系通常都是应变软化的。若材料非常脆，则其本构关系最大限度是弹脆性的(郑宏等，1997)。准脆性材料试样在单轴拉伸、单轴压缩、弯曲及扭转等条件下的实验结果都表明，试样的结构响应可能呈现Ⅱ类变形行为(快速回跳)，也可能呈现Ⅰ类变形行为(不快速回跳)。可对这些实验现象解释如下：可以将应变局部化启动后的应变局部化带（可以划分为剪切带及拉伸应变局部化带）比拟为"试样"，而将应变局部化带外部的弹性体比拟为"试验机"。这样，试样的应力-应变关系即为系统（由应变局部化带及弹性体构成）的结构响应。根据结果(7)，若应变局部化带不快速回跳，则系统的结构响应自然可能快速回跳，也可能不快速回跳。

　　图 3-7 以示意图的形式表明了本节的若干结果，图中箭头表示"可以推出"。令试样的平均剪切位移为 γ_1，因此有

$$dd = (w + L)d\gamma_1 \tag{3-52}$$

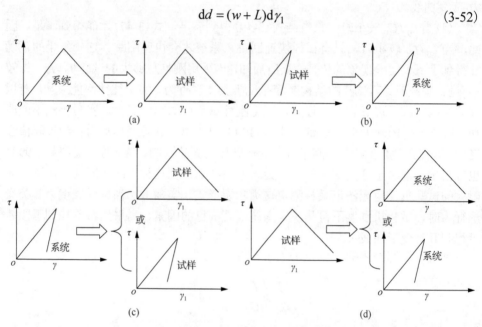

图 3-7　系统失稳快速回跳或不快速回跳与试样快速回跳之间的关系

3.5　本 章 小 结

　　在应变软化阶段，剪切带受到的剪切应力与剪切带相对剪切位移之间的关系仅和材料本身的特性有关，是本构关系。剪切软化模量越大，或剪切弹性模量，或内部长度越小，则本构关系越陡峭。

　　试样的剪切应力-剪切位移曲线软化段的陡峭程度可用于评价剪切带-弹性体系统的稳定性。剪切带两盘弹性体的宽度越大，或剪切带宽度（或内部长度）越小，或软化模量越大，或剪切弹性模量越小，则剪切带-弹性体系统越不稳定。

　　基于能量原理，提出了剪切带或断层带-围岩系统的失稳判据。该系统的稳定

性不仅与材料的本构参数有关，也与结构的几何尺寸有关。系统的稳定性具有尺寸效应。无论取断层带及断层带两侧的弹性体为一个系统，还是取其一半，所得到的失稳判据都是相同的。若断层带一半的势能增量小于带外一侧弹性体弹性应变能的改变量，则系统是不稳定的。

应变局部化是岩爆的前兆之一；应变局部化是Ⅱ类变形行为的原因；Ⅱ类变形行为准则即为岩爆准则。试样-试验机系统的Ⅱ类变形行为的条件是这一系统的失稳判据。若非弹性剪切位移的增加慢于弹性剪切位移的降低，则出现Ⅱ类变形行为。从理论上证明了，若以剪切带作为"试样"，以带外弹性体作为"试验机"，则"试样"-"试验机"系统的Ⅱ类变形行为条件等价于这一系统的失稳判据。

推导出了Ⅰ类及Ⅱ类变形行为的条件，表述更加准确，即"非弹性应变"应该表述为"平均非弹性(或塑性)应变"，还提出了若干种等价形式。本书中的Ⅱ类变形行为是指"试样"(剪切带)-"试验机"(带外弹性体)系统的Ⅱ类变形行为；系统表现为Ⅱ类变形行为时必失稳，并非"试样"表现为Ⅰ类变形行为时就不失稳。

推导出了试样-试验机系统应变软化阶段的结构响应。试验机剪切弹性模量的降低能使系统发生快速回跳或Ⅱ类变形行为。

将直剪试验机简化为具有一定高度和剪切弹性模量的钢块，得到了试样-试验机系统的剪切应力与剪切应变之间的理论关系。当不考虑钢块的高度时，这一关系则简化为剪切条件下试样的剪切应力与平均剪切应变之间的关系。若试样-试验机系统快速回跳，则试样可能快速回跳，也可能不快速回跳；钢块高度及剪切弹性模量的比值越大，则试样-试验机系统越容易发生快速回跳；当这一比值较大时，纵然试样不快速回跳，系统也会快速回跳；当这一比值较小时，只有试样快速回跳，系统才会快速回跳；当系统不快速回跳时，试样必不快速回跳；试样快速回跳必然导致系统快速回跳；若试样不快速回跳，则系统可能快速回跳，也可能不快速回跳。上述理论结果可以解释若干常见的实验现象。

第4章 考虑应变率、剪胀、刚度及水致弱化的剪切带的变形及系统稳定性分析

在第3章的基础上，进一步考虑了应变率、剪切扩容(剪胀)、刚度劣化(损伤)及水致弱化对剪切带的局部(塑性)剪切应变、位移分布及直接剪切条件下剪切带-弹性体系统稳定性的影响。利用位移法及能量原理，提出了考虑应变率效应的失稳准则。对试样Ⅰ类及Ⅱ类变形行为的耗散能量进行了计算。分析了剪切带的局部体积应变增量及剪胀引起的剪切带的法向位移。建立了剪胀及剪缩条件下直接剪切试样的切向位移与法向位移之间的关系以及切向应变与法向应变之间的关系，二者与实验结果一致。分析了直接剪切条件下试样剪切应力-位移曲线的尺寸效应，得到了实验结果的验证。对考虑刚度劣化效应的常剪切应变点进行了讨论。

4.1 考虑应变率效应的剪切带的变形、系统耗散能量及稳定性

4.1.1 应变率效应的描述

考虑应变率效应的通常做法是将屈服应力乘以依赖于应变率的一个函数(Johnson，1985)，可取该函数 f 为

$$f = 1 + C \ln \dot{\gamma} / \dot{\gamma}_0 \tag{4-1}$$

式中，C 为材料常数；$\dot{\gamma}$ 为平均剪切应变率；$\dot{\gamma}_0$ 为准静态加载时的平均剪切应变速率。

因此，在应变软化阶段，考虑应变率效应的剪切应力 τ 可表示为

$$\tau = f \cdot (\tau_c - c\gamma^p) \tag{4-2}$$

式中，$c = G\lambda / (G + \lambda)$；$G$ 为剪切弹性模量；λ 为应变软化阶段 τ-γ 关系的斜率的绝对值（剪切弹塑性模量）；τ_c 为抗剪强度，γ^p 为塑性剪切应变。

4.1.2 考虑应变率效应的剪切带的应变、位移分布及系统稳定性

类似于式(2-12)及式(2-13)的推导，可以得到考虑应变率效应的剪切带宽度

w 及剪切带的局部塑性剪切应变 $\gamma^{\mathrm{p}}(y)$ 的解析式：

$$w = 2\pi l \tag{4-3}$$

$$\gamma^{\mathrm{p}}(y) = \frac{\tau'_{\mathrm{c}} - \tau}{c'}\left(1 + \cos\frac{y}{l}\right) \tag{4-4}$$

式中，$\tau'_{\mathrm{c}} = f\tau_{\mathrm{c}}$，$c' = fc$，见图 4-1。

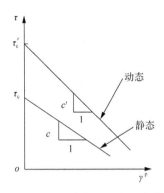

图 4-1 动态及静态应变软化的本构关系

剪切带内、外的弹性应变 γ^{e} 按下式计算：

$$\gamma^{\mathrm{e}} = \tau / G \tag{4-5}$$

对式 (4-4) 进行积分，可得到局部塑性剪切位移分布 $s^{\mathrm{p}}(y)$ 及其最大值 $s^{\mathrm{p}}_{\mathrm{m}}$：

$$s^{\mathrm{p}}(y) = \int_0^y \gamma^{\mathrm{p}}(y)\mathrm{d}y = \frac{\tau'_{\mathrm{c}} - \tau}{c'}\left(y + l\sin\frac{y}{l}\right) \tag{4-6}$$

$$s^{\mathrm{p}}_{\mathrm{m}} = s^{\mathrm{p}}(w) = \frac{w}{c}\cdot\left(\tau_{\mathrm{c}} - \frac{\tau}{f}\right) \tag{4-7}$$

对式 (4-5) 进行积分，可得到弹性剪切位移分布 $s^{\mathrm{e}}(y)$ 及其最大值 $s^{\mathrm{e}}_{\mathrm{m}}$：

$$s^{\mathrm{e}}(y) = \int_0^y \gamma^{\mathrm{e}}\mathrm{d}y = \frac{\tau}{G}\cdot y \tag{4-8}$$

$$s^{\mathrm{e}}_{\mathrm{m}} = \int_0^{w+L} \gamma^{\mathrm{e}}\mathrm{d}y = \frac{\tau}{G}\cdot(L + w) \tag{4-9}$$

剪切带两盘的相对剪切位移为

$$s = s_m^p + s_m^e \qquad (4\text{-}10)$$

再利用式(4-7)及式(4-9)，可得

$$\frac{\mathrm{d}\tau}{\mathrm{d}s} = \frac{cfG}{cf(L+w)-wG} \qquad (4\text{-}11)$$

若式(4-11)大于零，有

$$\frac{cf}{G} > \frac{w}{L+w} \qquad (4\text{-}12)$$

当式(4-12)成立时，剪切带-弹性体系统将发生快速回跳现象(即系统失稳)。函数 f 的值越大，则式(4-12)越容易满足。因此，高应变率容易使系统发生失稳，这与过去的观点(王来贵等，1996；徐思朋和缪协兴，2001)是一致的。

考虑到式(4-1)，失稳临界加载应变率 $\dot{r}_{cr}$ 可由式(4-12)取等号获得：

$$\dot{r}_{cr} = \dot{r}_0 \mathrm{e}^{\frac{1}{C}\left[\frac{wG}{c(L+w)}-1\right]} \qquad (4\text{-}13)$$

下面，通过算例来研究应变率对剪切带的局部塑性剪切应变及位移分布的影响。参数取值如下：G=2GPa、λ=0.2GPa、τ_c=0.2MPa、τ=0.1MPa 及 $l = 0.001\mathrm{m}$。图 4-2 及图 4-3 所示分别为应变率对剪切带的局部塑性剪切应变及位移分布的影响。

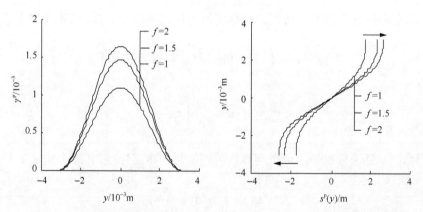

图 4-2　应变率对剪切带的局部塑性剪　　图 4-3　应变率对剪切带的局部塑性
切应变分布的影响　　　　　　　　剪切位移分布的影响

随着应变率的增加，剪切带的局部塑性剪切应变分布变得陡峭(见图 4-2)。随着应变率的增加，剪切带的局部塑性剪切位移增加，见图 4-3(图中箭头表示剪切方向)。

应当指出：

(1)在理论分析中，未考虑应变率对弹性阶段本构参数 G 的影响。

(2)若不考虑应变率效应，$f=1$，目前的结果(包括剪切带的局部塑性剪切应变、位移分布及系统失稳判据)便简化为第 2 章的结果。

(3)目前提出的失稳临界加载应变率可能与临界掘进速度具有某一关系，这尚需深入研究。失稳临界加载应变率不仅与材料的本构参数(例如，内部长度或剪切应变局部化带宽度、准静态剪切弹性模量、准静态剪切软化模量及准静态加载时的平均剪切应变速率等)有关，还与结构的几何尺寸(即系统的高度)有关。由式(4-13)可以看出，失稳临界加载应变率具有尺寸效应。

4.1.3　考虑应变率效应的剪切带-弹性体系统的力-位移曲线及稳定性

剪切带两盘的相对剪切位移 u_1 可以表示为弹性及塑性剪切位移之和。假定弹性剪切位移不受应变率的影响，等于弹性剪切应变乘以剪切带的宽度；塑性剪切位移等于塑性剪切应变乘以剪切带宽度：

$$u_1 = \frac{\tau}{G} w + \frac{\tau_c' - \tau}{c'} w \tag{4-14}$$

利用式(4-14)可以得到剪切带受到的剪切应力为

$$\tau = \frac{1}{w}\left(\frac{1}{G} - \frac{1}{fc}\right)^{-1} u_1 - \frac{\tau_c}{c}\left(\frac{1}{G} - \frac{1}{fc}\right)^{-1} \tag{4-15}$$

假设剪切应力的作用面积为 A，则剪力为 $F = \tau A$。因此，剪力与剪切带两盘的相对剪切位移 u_1 之间的关系为

$$F = \frac{A}{w}\left(\frac{1}{G} - \frac{1}{fc}\right)^{-1} u_1 - \frac{A\tau_c}{c}\left(\frac{1}{G} - \frac{1}{fc}\right)^{-1} \tag{4-16}$$

为表述方便，设 $k = \frac{A}{w}\left(\frac{1}{G} - \frac{1}{fc}\right)^{-1}$。可以发现，在应变软化阶段，剪力 F 与位移 u_1 成正比。在弹性阶段，有

$$u_1 = 2\int_0^{w/2} \gamma^e \mathrm{d}y = \frac{\tau}{G} w \tag{4-17}$$

$$F = \frac{GAu_1}{w} \qquad (4-18)$$

双线性的 $F - u_1$ 关系见图 4-4。在应变软化阶段，$F - u_1$ 关系的斜率为 k，k 的绝对值 $|k|$ 称为剪切带的峰后刚度。可以看出，剪切带的峰后刚度不仅与剪切带的本构参数有关，还和应变率有关。

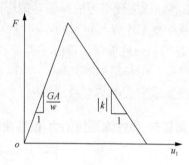

图 4-4　双线性本构关系

剪切带之外弹性体的剪切刚度 K 为

$$K = \frac{AG}{L} \qquad (4-19)$$

若剪切带-弹性体系统的总势能的二阶导数小于零，则系统将丧失稳定性：

$$K + F'(u_1) \leqslant 0 \qquad (4-20)$$

根据式(4-16)，有

$$F'(u_1) = \frac{A}{w}\left(\frac{1}{G} - \frac{1}{fc}\right)^{-1} = k \qquad (4-21)$$

根据式(4-19)、式(4-20)及式(4-21)，有

$$\frac{G}{L} + \frac{1}{w}\left(\frac{1}{G} - \frac{1}{fc}\right)^{-1} < 0 \qquad (4-22)$$

若不考虑应变率效应，$f=1$，式(4-22)则简化为式(3-17)。若 $k<0$，则有 $fc<0$，这应为通常情况。因此，$|k|$ 可以表示为

$$|k| = \frac{A}{w}\left(\frac{1}{fc} - \frac{1}{G}\right)^{-1} > 0 \qquad (4-23)$$

由式(4-23)可以发现，f 值越高，则 $|k|$ 值越大。也就是说，应变率越大，则剪切带峰后 F-u_1 关系越陡峭，系统越容易发生失稳。

4.1.4　考虑应变率效应的剪切带-弹性体系统耗散能量

根据式(4-11)，可以得到

$$\frac{\mathrm{d}F}{\mathrm{d}s} = A\left(\frac{w+L}{G} - \frac{w}{cf}\right)^{-1} \tag{4-24}$$

剪切带-弹性体系统载荷-位移关系与弹性体尺寸有关。因此，系统峰后载荷-位移关系的斜率不能被视为本构参数。

根据式(4-24)，可以得到 F-s 曲线的峰后斜率的绝对值为

$$|k'| = A\left(\frac{w}{cf} - \frac{w+L}{G}\right)^{-1} > 0 \tag{4-25}$$

峰后 F-s 关系可能呈现 Ⅰ 类或 Ⅱ 类变形行为，见图 4-5。

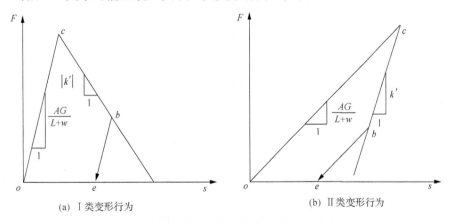

(a) Ⅰ类变形行为　　　　　　　　　　(b) Ⅱ类变形行为

图 4-5　剪切带-弹性体系统的两种结构响应

当 F-s 关系呈现 Ⅰ 类变形行为时，见图 4-5(a)。系统消耗的能量等于四边形 $ocbeo$ 的面积，可以表示为

$$U_s = \frac{F_c^2(L+w)}{2AG} + \frac{F_c^2}{2|k'|} - \frac{F^2(L+w)}{2AG} - \frac{F^2}{2|k'|} \tag{4-26}$$

式中，$F_c = A\tau_c'$。

将式(4-25)代入式(4-26)，可以得到

$$U_s = \frac{w\left(F_c^2 - F^2\right)}{2Acf} \tag{4-27}$$

剪切带之外的弹性体不消耗能量，仅剪切带消耗能量。剪切带的体积为

$$V = Aw \tag{4-28}$$

单位体积消耗的能量为

$$\rho_s = \frac{U_s}{V} = \frac{\tau_c^2 f^2 - \tau^2}{2cf} \tag{4-29}$$

当峰后关系呈现 II 类变形行为时，见图 4-5(b)。峰后 $F\text{-}s$ 关系的斜率 k' 为正值，k' 可以表示为

$$k' = A\left(\frac{w+L}{G} - \frac{w}{cf}\right)^{-1} > 0 \tag{4-30}$$

系统消耗的能量等于四边形 $ocbeo$ 的面积，可以表示为

$$U_s = \frac{F_c^2(L+w)}{2AG} - \frac{F_c^2}{2k'} - \frac{F^2(L+w)}{2AG} + \frac{F^2}{2k'} \tag{4-31}$$

将式(4-30)代入式(4-31)，可以得到

$$U_s = \frac{w\left(F_c^2 - F^2\right)}{2Acf} \tag{4-32}$$

应当指出，式(4-27)与式(4-32)等同。也就是说，不管峰后 $F\text{-}s$ 关系的斜率的符号如何，系统消耗的能量都与剪切带之外弹性体的尺寸无关，这是易于理解的。只要剪切带的尺寸不变，在应变软化阶段，高试样和矮试样就将消耗相同的能量。

系统消耗的能量与剪切应力水平、抗剪强度、剪切软化模量(描述材料的脆性)、剪切应变率及剪切带的体积(等于剪切带的尺寸乘以剪切应力的作用面积)有关。

增加抗剪强度、剪切应变率及剪切带的尺寸，或者降低剪切软化模量及剪切应力水平，则系统消耗的能量将增加。

系统消耗的能量越多意味着剪切带吸收或耗散能量的能力越强。若外力所做的功相同，剪切消耗了较多的能量，将使失稳事件的震级降低。震级与储存在整个系统中的弹性应变能密切相关。若失稳发生，则弹性应变能将被突然释放。

降低剪切软化模量及增加内部长度的措施都能降低失稳发生的可能性。若岩石的脆性较弱，剪切带能吸收较多的能量，则失稳不易发生。较大的内部长度能使剪切带消耗的能量增加，系统的峰后载荷-位移关系较平缓，系统不易失稳。

4.2　剪切带的剪胀、剪缩及直接剪切实验的尺寸效应

4.2.1　剪切带的局部体积增量及剪切带的法向位移

假设在弹性变形阶段，剪切条件下岩石的体积应变为零；当应变局部化启动后，扩容角 ψ 由剪切带的局部塑性剪切应变 $\gamma^{p}(y)$ 及局部塑性体积应变 $\varepsilon_{v}^{p}(y)$ 来描述：

$$\sin\psi = -\frac{\varepsilon_{v}^{p}(y)}{\gamma^{p}(y)} \tag{4-33}$$

局部塑性体积应变 $\varepsilon_{v}^{p}(y)$ 由局部体积应变的增量 $\mathrm{d}v_{y}$ 与初始体积 $b\mathrm{d}y$ 之比决定：

$$\varepsilon_{v}^{p}(y) = -\frac{\mathrm{d}v_{y}}{b\mathrm{d}y} \tag{4-34}$$

式中，b 为剪切面积，$\mathrm{d}y$ 为坐标的微分。

利用式 (4-33) 及式 (4-34)，可以得到

$$\mathrm{d}v_{y} = b\sin\psi\frac{\tau_{c}-\tau}{c}\left(1+\cos\frac{y}{l}\right)\mathrm{d}y \tag{4-35}$$

剪切带的体积增量 ΔV 可以表示为局部体积应变的增量的积分：

$$\Delta V = \int\mathrm{d}v_{y} = 2b\sin\psi\frac{\tau_{c}-\tau}{c}\int_{0}^{\frac{w}{2}}\left(1+\cos\frac{y}{l}\right)\mathrm{d}y = bw\sin\psi\frac{\tau_{c}-\tau}{c} \tag{4-36}$$

假设剪切带的体积膨胀仅发生在 y 轴方向（剪切带的法向）。因此，ΔV 可以表示为

$$\Delta V = bv_{1} \tag{4-37}$$

式中，v_{1} 为剪切扩容引起的剪切带的法向位移。

利用式 (4-36) 及式 (4-37)，可以得到

$$v_1 = w\sin\psi\frac{\tau_c - \tau}{c} = w\sin\psi(\tau_c - \tau)\cdot\left(\frac{1}{\lambda} + \frac{1}{G}\right) \tag{4-38}$$

4.2.2　直接剪切试样的切向位移与法向位移之间的关系

由式(3-5)、式(3-6)及式(3-7)，直剪试样的切向位移 u_1 为

$$u_1 = \frac{\tau}{G}(w + L) + \frac{(\tau_c - \tau)w}{c} \tag{4-39}$$

根据式(4-38)及式(4-39)，可以得到

$$u_1 = \frac{\tau}{G}(w + L) + \frac{v_1}{\sin\psi} \tag{4-40}$$

可以发现，切向位移 u_1 与法向位移 v_1 呈线性关系，见图4-6。式(4-40)右端第1项是弹性切向位移，式(4-40)右端第2项是塑性切向位移。

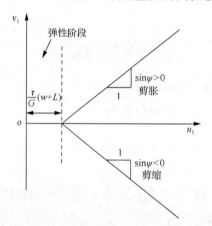

图4-6　直剪试样的切向位移与法向位移之间的关系

利用式(4-40)，可以得到直剪试样的切向应变为

$$\frac{u_1}{w + L} = \frac{\tau}{G} + \frac{v_1}{\sin\psi(w + L)} \tag{4-41}$$

实际上，式(4-41)左端项可以称为平均剪切应变 $\bar{\gamma}$，式(4-41)右端的第1项及第2项分别为弹性及塑性平均剪切应变，后者与法向平均应变 $\bar{\varepsilon}$ 及扩容角有关：

$$\bar{\gamma} = \frac{\tau}{G} + \frac{\bar{\varepsilon}}{\sin\psi} \tag{4-42}$$

应当指出，$\bar{\gamma}$ 与 $\bar{\varepsilon}$ 之间的关系可以通过剪切实验获得。若忽略 $\bar{\gamma}$ 的弹性部分，则可以得到一个简化的公式，$\bar{\gamma}$ 与 $\bar{\varepsilon}$ 之间的线性关系通过坐标原点。类似地，若忽略式(4-40)中的弹性剪切变形，式(4-40)也可以得到简化。一些实验结果和数值结果(Jewell and Wroth，1987；Potts et al.，1987；Jewell，1989；Cividini and Gioda，1992；Shibuya et al.，1997；刘斯宏和徐永福，2001；Masson and Martinez，2001)均表明 $\bar{\gamma}$ 与 $\bar{\varepsilon}$ 基本上呈线性关系(图4-7)，u_1 与 v_1 也基本上呈线性关系(图4-6)。

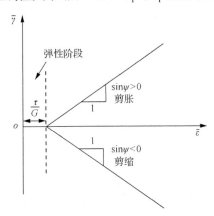

图 4-7　直剪试样的切向应变和法向应变之间的关系

对于剪缩的材料，例如松散的砂子，上述公式仍然适用，但是，扩容角 ψ 应取负值。

4.2.3　直接剪切实验的尺寸效应

通过大型单剪仪，高俊合等(2000)开展了土-混凝土界面力学行为实验研究。从实验结果可以发现：①小试样在较小的剪切位移条件下就发生破坏；②随着试样尺寸的降低，剪切位移与试样尺寸之比增加；③随着试样尺寸的降低，破坏之前的剪切应力-剪切位移关系变得陡峭。

为了研究直接剪切实验的尺寸效应，取 $G=20\text{GPa}$、$w=0.04\text{m}$、$\lambda=0.1G$ 及 $\tau_c=20\text{MPa}$。图4-8为利用式(4-39)得到的剪切应力-剪切位移曲线。可以发现，当抗剪切强度被达到时，大试样的剪切位移较大，这一结果与高俊合等(2000)的实验结果①相一致。而且，在弹性阶段，小试样的剪切应力-剪切位移关系的斜率较高，这一结果与高俊合等(2000)的实验结果③相一致。见式(4-41)，剪切位移与试样尺寸之比（$u_1/(w+L)$）与弹性区的尺寸（L）成反比。因此，小试样的剪切位移与试样尺寸之比较大，这与高俊合等(2000)的实验结果②相一致。

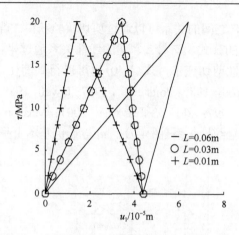

图 4-8　试样剪切应力-剪切位移曲线的尺寸效应

当试样高度增加时，峰后剪切应力-剪切位移关系变陡峭。当试样高度较大时，出现了快速回跳现象。

4.3　考虑刚度劣化的剪切带的应变、应变率及位移分布

4.3.1　考虑刚度劣化的剪切本构关系

大量实验结果表明(Bažant et al.，1996；Lee and Willam，1997；Sharma and Fahey，2003；Lee et al.，2004)，若在应变软化阶段进行多次卸载及加载(循环加载实验)，试样的刚度将出现劣化，如图 4-9 所示，$K_1 > K_2$，即在应变软化过程中，损伤越来越严重，试样的变形模量越来越低。

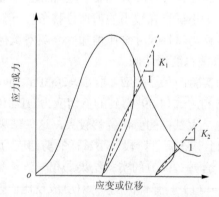

图 4-9　循环加载条件下试样应力-应变关系

如图 4-10 所示，将剪切应力-剪切应变本构关系分为三个阶段，其一为线弹

性阶段，剪切弹性模量为 G ；其二为线性应变软化阶段，剪切应力 τ -剪切应变 γ 关系软化段的斜率的绝对值为 λ （剪切弹塑性模量）；其三为残余变形阶段。

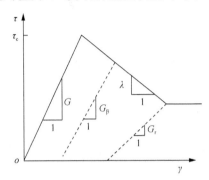

图 4-10　剪切应力-剪切应变本构关系的三个阶段

为计算方便，假设在应变软化阶段按剪切弹性模量 G_β 卸载及加载，G_β 与 τ 有关。当 τ 较高时，G_β 较大，若 τ 等于抗剪强度 τ_c ，则 G_β 等于 G 。当 τ 较低时，则 G_β 较小，若 τ 等于残余抗剪强度，G_β 等于 G_r 。可将 G_β 表示为

$$G_\beta = (1-\beta)G + \beta G_r \tag{4-43}$$

式中，β 为描述应力水平的一个参数，$\beta = 0 \sim 1$ 。

在应变软化阶段，全部剪切应变 γ 可以分解为

$$\gamma = \gamma^e + \gamma^p \tag{4-44}$$

式中，γ^e 及 γ^p 分别为弹性及塑性剪切应变。

$$\gamma^e = \frac{\tau}{G_\beta} \tag{4-45}$$

根据图 4-10，全部剪切应变 γ 可以表示为

$$\gamma = \frac{\tau_c}{G} + \frac{\tau_c - \tau}{\lambda} \tag{4-46}$$

因此，塑性剪切应变 γ^p 可以表示为

$$\gamma^p = \frac{\tau_c}{G} + \frac{\tau_c - \tau}{\lambda} - \frac{\tau}{G_\beta} \tag{4-47}$$

利用式(4-47)，可以得到 τ 为

$$\tau = A\tau_c - B\gamma^p \tag{4-48}$$

式中，$A = \left(\dfrac{1}{G} + \dfrac{1}{\lambda}\right) \cdot \left(\dfrac{1}{G_\beta} + \dfrac{1}{\lambda}\right)^{-1}$，$B = \left(\dfrac{1}{G_\beta} + \dfrac{1}{\lambda}\right)^{-1}$。

当不考虑刚度劣化时，$G_\beta = G$，$A = 1$，$B = G\lambda / (G + \lambda)$。

4.3.2　考虑刚度劣化的剪切带的应变及位移分布

类似于式(2-12)及式(2-13)的推导，可求得考虑刚度劣化的剪切带的局部塑性剪切应变 $\gamma^p(y)$ 及宽度 w：

$$\gamma^p(y) = \frac{A\tau_c - \tau}{B}\left(1 + \cos\frac{y}{l}\right) = \left[\left(\frac{1}{G} + \frac{1}{\lambda}\right)\tau_c - \frac{\tau}{B}\right]\left(1 + \cos\frac{y}{l}\right) \tag{4-49}$$

$$w = 2\pi l \tag{4-50}$$

若不考虑刚度劣化，式(4-49)可以则简化为式(2-13)。

考虑刚度劣化后，剪切带的塑性剪切应变 $\gamma^p(y)$ 降低。剪切带的局部总剪切应变 $\gamma(y)$ 可以表示为

$$\gamma(y) = \gamma^p(y) + \gamma^e \tag{4-51}$$

式中，γ^e 为剪切带的弹性剪切应变，不随着坐标 y 而改变。考虑刚度劣化后，剪切带的弹性剪切应变 γ^e 增加。

考虑及不考虑刚度劣化时，剪切带的弹性剪切应变及塑性剪切应变分布见图4-11。参数取值如下：$G = 2\text{GPa}$、$G_r = 0.2\text{GPa}$、$\lambda = 0.2\text{GPa}$、$\tau_c = 0.2\text{MPa}$、$\tau = 0.1\text{MPa}$、$l = 0.001\text{m}$ 及 $\beta = 0.5$。

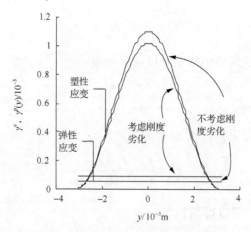

图 4-11　剪切带的弹、塑性剪切应变分布

对式(4-49)进行积分，可以得到剪切带的局部塑性剪切位移分布 $s^p(y)$：

$$s^{\mathrm{p}}(y) = \int_0^y \gamma^{\mathrm{p}}(y)\mathrm{d}y = \frac{A\tau_{\mathrm{c}} - \tau}{B}y + l \cdot \frac{A\tau_{\mathrm{c}} - \tau}{B} \cdot \sin\frac{y}{l} \qquad (4\text{-}52)$$

当 $y = w/2$ 时，$s^{\mathrm{p}}(y)$ 达到最大值 $0.5d_{\mathrm{m}}$，d_{m} 为剪切带两盘的相对剪切位移。

剪切带的弹性剪切位移 $s^{\mathrm{e}}(y) = \gamma^{\mathrm{e}}y$ 及局部塑性剪切位移分布见图 4-12，参数取值同图 4-11。可以发现，考虑刚度劣化后，局部塑性剪切位移降低，弹性剪切位移增加。若不考虑刚度劣化，式 (4-52) 则简化为式 (2-29)。

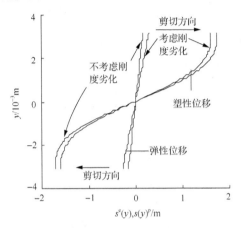

图 4-12　剪切带的弹、塑性剪切位移分布

图 4-13 为一幅在现场发现的岩石局部化变形图片，图中已标明了剪切带边界、剪断面、剪切方向及两条表示剪切应变局部化的曲线。

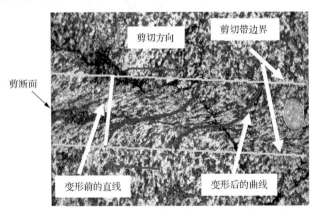

图 4-13　实际的岩石的剪切应变局部化

4.3.3　考虑刚度劣化的剪切带的最大剪切应变(率)及常剪切应变点

根据式 (4-49)，若 $y = 0$，则 $\gamma^{\mathrm{p}}(y)$ 达到最大值 $\gamma_{\mathrm{m}}^{\mathrm{p}}$：

$$\gamma_m^p = 2\frac{A\tau_c - \tau}{B} \tag{4-53}$$

同理，若 $y = 0$，根据式(4-45)、式(4-49)及式(4-51)，可以得到 $\gamma(y)$ 的最大值 γ_m：

$$\gamma_m = 2\frac{A\tau_c - \tau}{B} + \frac{\tau}{G_\beta} = \gamma_m^p + \frac{\tau}{G_\beta} \tag{4-54}$$

根据式(4-45)、式(4-49)及式(4-51)，可以得到剪切带的局部塑性剪切应变率 $\dot{\gamma}^p(y)$ 及局部总剪切应变率 $\dot{\gamma}(y)$：

$$\dot{\gamma}^p(y) = \frac{-\dot{\tau}}{B}\left(1 + \cos\frac{y}{l}\right) \tag{4-55}$$

$$\dot{\gamma}(y) = \frac{\dot{\tau}}{G_\beta} - \frac{\dot{\tau}}{B}\left(1 + \cos\frac{y}{l}\right) \tag{4-56}$$

式中，$\dot{\tau}$ 为剪切应力卸载率，$\dot{\tau} < 0$。

若 $y = 0$，$\dot{\gamma}^p(y)$ 及 $\dot{\gamma}(y)$ 分别达到最大值 $\dot{\gamma}_m^p$ 及 $\dot{\gamma}_m$：

$$\dot{\gamma}_m^p = \frac{-2\dot{\tau}}{B} \tag{4-57}$$

$$\dot{\gamma}_m = \frac{\dot{\tau}}{G_\beta} - \frac{2\dot{\tau}}{B} \tag{4-58}$$

由式(4-56)可以发现，当 $1 + \cos(y/l)$ 恰等于 B/G_β 时，$\dot{\gamma}(y) \equiv 0$。因此，$\gamma(y)$ 将不依赖于 τ，恒等于常数。$\gamma(y)$ 恒等于常数的位置称为常剪切应变点，该点的位置之一可通过令式(4-56)为零求得：

$$y = l\arccos\left(\frac{B}{G_\beta} - 1\right) \tag{4-59}$$

若不考虑刚度劣化，式(4-59)则简化为式(2-21)。

4.4　考虑水致弱化的剪切带的变形及系统稳定性

4.4.1　考虑水致弱化的剪切带的应变分布

为反映水致弱化，可引入一个水致弱化函数(殷有泉和杜静，1994a)：

$$g(\zeta) = (1-R)(1-\zeta)^2 + R \tag{4-60}$$

式中，ζ 为含水量；$g(\zeta)$ 为一个单调下降的函数。在干燥情况下，$\zeta = 0$，$g(0) = 1$；在饱和时，$\zeta = 1$，$g(1) = R < 1$，R 为饱和时的强度分数。

孔隙水的存在会导致断层强度的部分丧失，因此，有

$$\tau'_c = \tau_c g(\zeta) \tag{4-61}$$

式中，τ'_c 为某一含水量时的抗剪强度；τ_c 为干燥状态下的抗剪强度。

将式(2-13)及式(2-17)中 τ_c 用式(4-61)中 τ'_c 代替，可以得到

$$\gamma^p(y) = \frac{g(\zeta)\tau_c - \tau}{c}\left(1 + \cos\frac{y}{l}\right) \tag{4-62}$$

$$\gamma(y) = \frac{\tau}{G} + \frac{g(\zeta)\tau_c - \tau}{c}\left(1 + \cos\frac{y}{l}\right) \tag{4-63}$$

式(4-62)及式(4-63)分别为某一含水量时剪切带的局部塑性剪切应变及总剪切应变。

为研究含水量对剪切带的局部塑性剪切应变分布的影响，参数取值如下：$l = 0.004\text{m}$、$G = 20\text{GPa}$、$\lambda = 0.5G$、$\tau_c = 20\text{MPa}$、$\tau = 5\text{MPa}$ 及 $R = 0.5$，计算结果分别见图 4-14 及图 4-15。可以发现，当岩石处于干燥时，局部(塑性)剪切应变分布最陡峭；当岩石处于饱和状态时，局部(塑性)剪切应变分布最平缓。

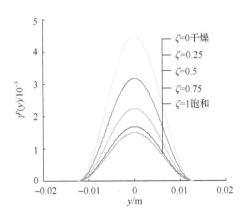

图 4-14　含水量对剪切带的局部塑性剪切
　　　　应变分布的影响

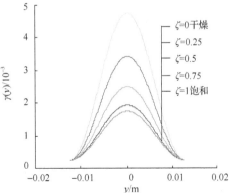

图 4-15　含水量对剪切带的总剪切应变
　　　　分布的影响

4.4.2　考虑水致弱化的系统应力-位移曲线及稳定性

剪切带两盘的相对塑性剪切位移 d^{p} 为

$$d^{\mathrm{p}} = 2\int_0^{\frac{w}{2}} \gamma^{\mathrm{p}}(y)\mathrm{d}y = \frac{g(\zeta)\tau_{\mathrm{c}} - \tau}{c} \cdot w \tag{4-64}$$

考虑水致弱化后，式(3-8)推广为

$$\tau = \frac{G\lambda}{\lambda L - Gw} \cdot d - \frac{G + \lambda}{\lambda L - Gw} \cdot g(\zeta)\tau_{\mathrm{c}} w \tag{4-65}$$

考虑水致弱化后，式(2-28)推广为

$$d^{\mathrm{p}}(y) = \int_0^y \gamma^{\mathrm{p}}(y)\mathrm{d}y = \frac{g(\zeta)\tau_{\mathrm{c}} - \tau}{c}\left(y + l\sin\frac{y}{l}\right) \tag{4-66}$$

式中，$d^{\mathrm{p}}(y)$ 为局部塑性剪切位移分布。

不同含水量时剪切带的局部塑性位移分布 $d^{\mathrm{p}}(y)$ 见图 4-16，有关参数的取值同图 4-14。可以发现，随着含水量的增加，局部塑性剪切位移降低。这与图 4-14 的结果彼此呼应。局部塑性剪切应变较小，对其在剪切带宽度上积分得到的局部塑性剪切位移自然就小。这一结果与殷有泉和杜静(1994a)的结果是一致的，即由于水的渗入，断层的地震错距减小。

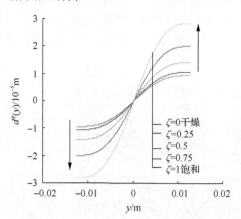

图 4-16　剪切带的局部塑性剪切位移分布

由式(4-65)可以得出

$$\frac{\mathrm{d}\tau}{\mathrm{d}d} = \frac{G\lambda}{\lambda L - Gw} \tag{4-67}$$

由式(4-67)可以发现，$\tau - d$ 关系的斜率与含水量无关。设剪力为 Q，剪切面积为 A，$Q = A\tau$。因此，有

$$\frac{\mathrm{d}Q}{\mathrm{d}d} = \frac{AG\lambda}{\lambda L - Gw} \tag{4-68}$$

剪力 Q 与剪切带两盘的相对塑性剪切位移 d^{p} 之间的关系见图 4-17。假设失稳发生于剪力峰值点，失稳释放的弹性能量 U 为

$$U = \frac{1}{2}Q_{\mathrm{c}}d_{\mathrm{c}} \tag{4-69}$$

式中，Q_{c} 为剪力峰值，$Q_{\mathrm{c}} = Ag(\zeta)\tau_{\mathrm{c}}$；$d_{\mathrm{c}}$ 为剪力峰值所对应的剪切位移。

由图 4-17 可见，含水量越大，则强度越低；含水量对弹性阶段和应变软化阶段载荷-位移关系的斜率均没有影响。但是，含水量越大，则抗剪强度所对应的位移越小。换言之，含水量越大，则弹性阶段越短。这与殷有泉和杜静(1994a)的观点(由于水的渗入，地震提前到来)是一致的。$Q - d^{\mathrm{p}}$ 关系所围面积这里称为耗散势能。显然，含水量越大，则耗散势能越小；$Q - d$ 关系所围面积等于弹性势能与耗散势能之和，显然，含水量越大，则总势能越小。

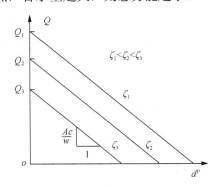

图 4-17 剪力与相对塑性剪切位移之间的关系

由式(4-69)可见，含水量越大，则失稳释放的弹性能量越小。殷有泉和杜静(1994a)的结果也表明了相同的观点，即由于水的渗入，地震释放能量值减小。失稳释放的弹性能量与水致弱化函数的平方成正比。

4.5 本 章 小 结

考虑应变率效应后，剪切带的局部塑性剪切应变分布变陡峭，局部塑性剪切位移-坐标曲线被拉长。高应变率使剪切带-弹性体系统容易失稳。失稳临界加载

应变率不仅与材料的本构参数有关，还与结构的几何尺寸有关。

在应变软化阶段，提出了考虑应变率效应的剪切带剪切应力-剪切位移曲线的解析式。利用能量原理，得到了考虑应变率效应的剪切带-弹性体系统的失稳判据。应变率越高，则系统越容易失稳。

系统消耗的能量与剪切带之外弹性体的尺寸无关。只要剪切带的尺寸不变，在应变软化阶段，高试样和矮试样就将消耗相同的能量。系统消耗的能量与剪切应力、抗剪强度、剪切软化模量、剪切应变率及剪切带的体积有关。提高抗剪强度、剪切应变率及剪切带的尺寸，或降低剪切软化模量及剪切应力，则系统消耗的能量将增加。系统消耗的能量越多意味着剪切带吸收或耗散能量的能力越强。在总势能相同条件下，若剪切带吸收的能量较多，则震级就低。震级与储存在整个系统中的弹性应变能密切相关。若失稳发生，则弹性应变能将被突然释放。

降低剪切软化模量及增加内容长度，则失稳不易发生。在延性岩石中，剪切带能吸收较多的能量，这使失稳不易发生。较大的内部长度能使剪切带消耗的能量增加，则失稳不易发生。

在应变局部化启动之后，剪切带扩容角的正弦定义为剪切带的体积应变和局部塑性剪切应变之比的负值。剪切带的体积应变增量分布是不均匀的，剪切带的体积增量被表示为局部体积应变增量的积分。提出了剪切扩容引起的剪切带的法向位移公式。直接剪切试样的切向与法向位移呈线性关系，平均剪切应变与法向平均应变也呈线性关系。对于剪缩的材料，上述结果仍然适用，但扩容角应取负值。

在直接剪切条件下，当抗剪强度被达到时，大试样的剪切位移较大；在弹性阶段，小试样的剪切应力-剪切位移曲线的斜率较大；小试样的剪切位移与试样尺寸之比较大。试样越高，则剪切应力-剪切位移曲线越陡峭，甚至出现快速回跳现象。

得到了在经典弹塑性理论框架之内且考虑刚度劣化效应的屈服函数，推导了剪切带的局部塑性剪切应变及位移分布的解析式。考虑刚度劣化效应后，剪切带的弹性剪切应变及位移增加，局部塑性剪切应变及位移降低。讨论了考虑刚度劣化的剪切带的最大(塑性)剪切应变(率)及常剪切应变点。

随着含水量的增加，局部塑性剪切应变及位移降低，弹性阶段变短，耗散势能变小，总势能变小，失稳释放的弹性能量变小。

第5章　直接剪切条件下剪切带的孔隙特征分析

在剪切膨胀条件下，提出了剪切带的局部孔隙度、孔隙比、孔隙度增量及孔隙比增量等孔隙特征参数的解析式，研究了各种本构参数的影响。建立了剪切带的最大孔隙比、平均最大孔隙比增量、平均最大孔隙比及平均最大孔隙度的解析式，研究了各种本构参数对最大孔隙度的影响。本章提出了一些新概念，例如，剪胀引起的剪切带的平均最大孔隙比增量及剪切带的平均最大孔隙比等。本章的理论结果可以较好地解释若干实验现象，例如，剪切带内、外孔隙比分布极不均匀，带内其值是带外的若干倍；剪切带的孔隙比分布不均匀，具有局部化特征，存在最大孔隙比。

5.1　孔隙比的不均匀性

5.1.1　实验结果

Wong（2000）利用 CT（Computed Tomography）及 SEM（Scanning Electron Microscope）方法的实验结果表明，剪切带的剪胀是不均匀的。当局部化应变较大时，由剪胀引起的剪切带孔隙度接近一个临界值。

Besuelle 等（2000）采用光学显微镜对 $1mm^2$ 内的裂纹进行了观察，结果表明，裂纹密度随着到剪切带中心的距离的增加而迅速降低，剪切带中部具有最大的孔隙比。他们又采用 SEM 方法观察了剪切带的孔隙度，结果表明，剪切带的孔隙度明显较高。

Roscoe（1970）指出，Coumoulos 采用 CT 方法的实验结果表明，简单剪切条件下砂样的剪切带的孔隙比远远高于砂样的平均值。Desues 等（1996）研究了剪切带的孔隙度的演化规律。

Oda 和 Kazama（1998）研究发现，大孔隙总沿着剪切带呈周期性分布，所引起的局部孔隙比可能超过日本标准方法获得的最大孔隙比。此外，他们还发现，剪切带的孔隙比非常大；剪切带外的，孔隙比十分接近于初始孔隙比。

综上所述，这些实验结果表明：

(1)剪切带内、外孔隙比分布极不均匀，带内其值是带外的若干倍。

(2)剪切带的孔隙比分布也是不均匀的，具有局部化特征。

(3)剪切带内，存在最大孔隙比；剪切带外的，孔隙比十分接近于初始孔隙比。

5.1.2 孔隙率及孔隙比分布

在未来出现剪切带位置取一微元体，其体积为 $\mathrm{d}y \times \mathrm{d}y \times 1$，见图 5-1(a)单元体的位置坐标为 y。假设剪切应变局部化启动前，该微元体经历纯剪切变形，其体积保持不变，见图 5-1(b)；剪切应变局部化启动后，剪切扩容，见图 5-1(c)。剪切应变局部化启动时刻的孔隙比设为 e(初始孔隙比)，微元体的孔隙体积设为 Δ，有

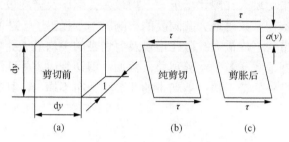

图 5-1 微元体的不同变形阶段

$$e = \frac{\Delta}{\mathrm{d}y\mathrm{d}y - \Delta} \tag{5-1}$$

假设剪胀引起的该微元体的体积增量为 ΔV，$\Delta V(y) = a(y)\mathrm{d}y$，$a(y)$ 为该微元体的法向位移，微元体的塑性体积应变 $\varepsilon_{\mathrm{v}}^{\mathrm{p}}(y)$ 为

$$\varepsilon_{\mathrm{v}}^{\mathrm{p}}(y) = -\frac{\Delta V(y)}{V} \tag{5-2}$$

式中，$V = \mathrm{d}y\mathrm{d}y$。因此，式(5-2)可以表示为

$$\varepsilon_{\mathrm{v}}^{\mathrm{p}}(y) = -\frac{a(y)}{\mathrm{d}y} \tag{5-3}$$

微元体体积扩容后，孔隙比设为 $e'(y)$，则有

$$e'(y) = \frac{\Delta + a(y)\mathrm{d}y}{\mathrm{d}y\mathrm{d}y - \Delta} \tag{5-4}$$

由式(5-1)可以得到

$$\Delta = \frac{e}{1+e}\mathrm{d}y\mathrm{d}y \tag{5-5}$$

将上式代入式(5-4)，可以得到

$$e'(y) = \frac{a(y)}{\mathrm{d}y}(1+e) \tag{5-6}$$

在剪胀过程中，孔隙比增量 Δe 可以表示为

$$\Delta e(y) = e'(y) - e = \frac{a(y)}{\mathrm{d}y}(1+e) = -\varepsilon_{\mathrm{v}}^{\mathrm{p}}(y)(1+e) \tag{5-7}$$

因此，局部塑性体积应变 $\varepsilon_{\mathrm{v}}^{\mathrm{p}}(y)$ 及应变率 $\dot{\varepsilon}_{\mathrm{v}}^{\mathrm{p}}(y)$ 可以分别表示为

$$\varepsilon_{\mathrm{v}}^{\mathrm{p}}(y) = -\frac{\Delta e(y)}{1+e} \tag{5-8}$$

$$\dot{\varepsilon}_{\mathrm{v}}^{\mathrm{p}}(y) = -\frac{\dot{e}(y)}{1+e} \tag{5-9}$$

式(5-8)及式(5-2)与前人文献中体积应变、体积应变率公式在形式上是类似的(钟晓雄和袁建新，1997)。所不同的是：

(1)本书中的局部塑性体积应变 $\varepsilon_{\mathrm{v}}^{\mathrm{p}}(y)$ 及局部孔隙比 $e'(y)$ 等参数都是对剪切带的微小单元体而言的，在剪切带不同位置这些参数的值是不同的。

(2)本书假设体积扩容仅是由剪胀引起的，剪胀是塑性的。

设剪胀前微元体的孔隙率为 n，剪胀后微元体的孔隙率为 $n'(y)$，则有

$$e = \frac{n}{1-n} \tag{5-10}$$

$$e'(y) = \frac{n'(y)}{1-n'(y)} \tag{5-11}$$

由式(5-10)及式(5-11)可得 $n'(y)$ 及 n 分别为

$$n'(y) = \frac{e'(y)}{1+e'(y)} \tag{5-12}$$

$$n = \frac{e}{1+e} \tag{5-13}$$

从式(5-7)中得到 $e'(y)$，代入式(5-12)，可得

$$n'(y) = \frac{e - \varepsilon_{\mathrm{v}}(y)(1+e)}{1 + e - \varepsilon_{\mathrm{v}}(y)(1+e)} \tag{5-14}$$

剪胀过程中孔隙率增量为

$$\Delta n(y) = n'(y) - n \tag{5-15}$$

由式(5-13)可得到孔隙率变化率为

$$\dot{n}(y) = \frac{\dot{e}(y)}{(1+e)^2} \tag{5-16}$$

上式也可以通过导数的定义求得:

$$\begin{aligned}
\dot{n}(y) &= \lim_{\Delta t \to 0} \frac{n'(y) - n}{\Delta t} \\
&= \lim_{\Delta t \to 0} \frac{e'(y) - e}{(1+e)\big[1+e'(y)\big]\Delta t} \\
&= \lim_{\Delta t \to 0} \frac{\Delta e(y)}{\Delta t} \cdot \lim_{\Delta t \to 0} \frac{1}{(1+e)\big[1+e'(y)\big]} \\
&= \frac{\dot{e}(y)}{(1+e)^2}
\end{aligned} \tag{5-17}$$

重写式(2-12)及式(2-13)中的剪切带宽度 w 及剪切带的局部塑性剪切应变 $\gamma^{\mathrm{p}}(y)$:

$$w = 2\pi l \tag{5-18}$$

$$\gamma^{\mathrm{p}}(y) = \frac{\tau_c - \tau}{c}\left(1 + \cos\frac{y}{l}\right) \tag{5-19}$$

将式(5-19)等号两侧对时间求导,可以得到

$$\dot{\gamma}^{\mathrm{p}}(y) = \frac{-\dot{\tau}}{c}\left(1 + \cos\frac{y}{l}\right) \tag{5-20}$$

式中, $\dot{\tau}$ 为应变软化阶段剪切应力的卸载率。

假设局部塑性体积应变与局部塑性剪切应变之比为常数:

$$\sin\psi = -\frac{\varepsilon_{\mathrm{v}}^{\mathrm{p}}(y)}{\gamma^{\mathrm{p}}(y)} \tag{5-21}$$

式中，ψ 为扩容角。式 (5-21) 可以写成另一种形式：

$$\sin\psi = -\frac{\dot{\varepsilon}_v^p(y)}{\dot{\gamma}^p(y)} \tag{5-22}$$

式 (5-21) 及式 (5-22) 在形式上与众多文献中剪胀引起的岩体积变化公式在形式上是类似的 (Bardet and Proube，1992；Labuz et al.，1996；宋二祥和邱玥，2001)。所不同的是，本书是针对剪切带的微小单元体而言的，等号右侧的量与坐标有关。

5.1.3　剪切应力卸载率的影响

取 $l = 0.006\text{m}$、$G = 20\text{GPa}$、$c = 6.7\text{GPa}$、$e = 0.05$、$\psi = 0.25\pi$ 及 $\tau_c = 20\text{MPa}$，不同剪切应力卸载率的绝对值时孔隙比及孔隙度变化率分布分别见图 5-2 及图 5-3。由此可见：

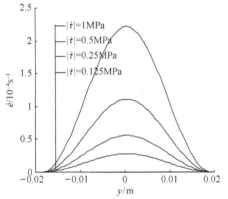

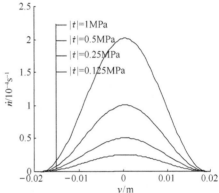

图 5-2　剪切带的孔隙比变化率分布　　　图 5-3　剪切带的孔隙度变化率分布

(1) 剪切带内，二者的分布是不均匀的，具有局部化特征。

(2) 随着 $|\dot{\tau}|$ 的增加，二者均增加，局部化程度加剧。

(3) 剪切带中部二者具有峰值，也就是说，实际上，这一位置将具有较多的孔隙和微裂纹。

5.1.4　剪切应力的影响

取 $l = 0.006\text{m}$、$G = 20\text{GPa}$、$c = 6.7\text{GPa}$、$e = 0.05$、$\psi = 0.25\pi$ 及 $\tau_c = 20\text{MPa}$，不同剪切应力时孔隙比增量 Δe、孔隙度增量 Δn、孔隙比 e' 及孔隙率 n' 分布分别见图 5-4、图 5-5、图 5-6 和图 5-7。由此可见：

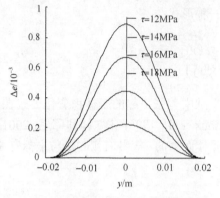

图 5-4　剪切带的孔隙比增量分布

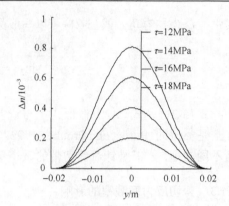

图 5-5　剪切带的孔隙度增量分布

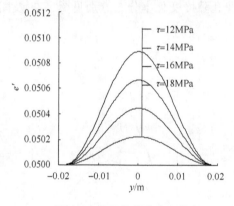

图 5-6　剪切带的孔隙比分布

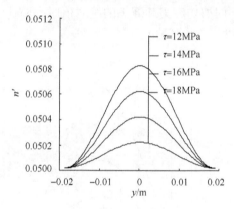

图 5-7　剪切带的孔隙度分布

(1) 剪切带内 Δe、Δn、e' 及 n' 四者的分布具有局部化特征。

(2) 在剪切带中部，四者均具有峰值。

(3) 应变软化越严重，则局部化程度越大。

5.1.5　内部长度及剪切软化模量的影响

内部长度越小，则剪切带的孔隙比梯度越大，这对材料的稳定性有不利影响；内部长度不影响剪切带的最大孔隙比。

剪切软化模量影响剪切带的最大孔隙比和孔隙比梯度；剪切软化模量越大，则剪切带的最大孔隙比越小，这是由于剪切软化模量越大意味着材料的脆性越强，则剪切带所允许的剪切变形越小，微裂纹的数量越少。

限于篇幅，内部长度及软化模量对 Δe、Δn、e' 及 n' 四者的影响未给出。

5.2　最大孔隙比及讨论

5.2.1　最大孔隙比

Wong(2000)、Oda 和 Kazama(1998)及 Desues 等(1996)的实验结果都表明，剪切带存在最大孔隙比。换言之，在应变软化阶段，剪切带的孔隙比等孔隙特征参数不是无限度增加的。

李世平等(1995)指出，岩石的最高渗透率大多数发生在应变软化阶段。姜振泉等(2002)指出，岩石的渗透率多出现峰值，峰值多出现在应变软化阶段；在岩石破坏后的塑性流动阶段，渗透率基本趋于稳定。朱珍德等(2002)指出，在岩石破坏至应变软化阶段，渗透性急剧增加并达到渗透峰值，随着变形扩展逐步趋于稳定。刘少华等(2002)指出，裂隙流量不会随着剪切变形的增加无限增大，而是趋向某个稳定值。

在应变软化阶段，岩石是剪胀的，若最大孔隙比被达到，则孔隙的数量及尺寸将不再改变，因此，岩石的渗透率也将保持恒定，为最大值。反之，若渗透率保持恒定，则最大孔隙比一定被达到了。上述关于渗透率的研究成果间接地证明了最大孔隙比的存在性。

残余抗剪强度设为 τ_r，当 τ_r 刚被达到时，剪切带的局部塑性剪切应变 $\gamma_r^p(y)$ 为

$$\gamma_r^p(y) = \frac{\tau_c - \tau_r}{c}\left(1 + \cos\frac{y}{l}\right) \tag{5-23}$$

在式(5-23)中，当 $y=0$ 时，$\gamma_r^p(y)$ 取得最大值：

$$\gamma_{rm}^p = 2\frac{\tau_c - \tau_r}{c} \tag{5-24}$$

由式(5-21)可得 $\varepsilon_v^p(y)$ 的最大值 ε_{vm}^p 为

$$\varepsilon_{vm}^p = -\sin\psi\gamma_{rm}^p \tag{5-25}$$

将上式中 ε_{vm}^p 代入式(5-14)中 $\varepsilon_v(y)$，可以得到剪切带的最大孔隙度为

$$n_m' = \frac{e - \varepsilon_{vm}^p(1+e)}{1+e-\varepsilon_{vm}^p(1+e)} = \frac{e_m}{1+e_m} \tag{5-26}$$

式中，e_m 为剪切带的最大孔隙比：

$$e_{\mathrm{m}} = e + 2\sin\psi(1+e)\frac{\tau_{\mathrm{c}} - \tau_{\mathrm{r}}}{c} = e + \Delta e_{\mathrm{m}} \tag{5-27}$$

式中，Δe_{m} 为剪切应变局部化引起的孔隙比增量的最大值（剪胀引起的剪切带的最大孔隙比增量）。

设剪胀引起的剪切带的平均最大孔隙比增量为 $\Delta\overline{e}_{\mathrm{m}}$，平均最大孔隙比增量是指最大孔隙比增量的平均值：

$$\Delta\overline{e}_{\mathrm{m}} = \frac{2}{w}\int_{0}^{w/2}\Delta e_{\mathrm{r}}(y)\mathrm{d}y \tag{5-28}$$

式中，$\Delta e_{\mathrm{r}}(y)$ 由式（5-7）、式（5-19）及式（5-21）确定，其中，$\tau = \tau_{\mathrm{r}}$。$\Delta e_{\mathrm{r}}(y)$ 及 $\Delta\overline{e}_{\mathrm{m}}$ 可以分别表示为

$$\Delta e_{\mathrm{r}}(y) = \sin\psi(1+e)\frac{\tau_{\mathrm{c}} - \tau_{\mathrm{r}}}{c}\left(1 + \cos\frac{y}{l}\right) \tag{5-29}$$

$$\Delta\overline{e}_{\mathrm{m}} = \sin\psi(1+e)\frac{\tau_{\mathrm{c}} - \tau_{\mathrm{r}}}{c} \tag{5-30}$$

由式（5-27）、式（5-29）及式（5-30）可以得到

$$\Delta e_{\mathrm{r}}(y) = \Delta\overline{e}_{\mathrm{m}}\left(1 + \cos\frac{y}{l}\right) \tag{5-31}$$

$$\Delta e_{\mathrm{m}} = 2\Delta\overline{e}_{\mathrm{m}} \tag{5-32}$$

设剪切带的平均最大孔隙比为 $\Delta\overline{e}_{\mathrm{m}}$，其包括两部分：一部分为初始孔隙比；另一部分为剪胀引起的剪切带的平均最大孔隙比增量 $\Delta\overline{e}_{\mathrm{m}}$：

$$\overline{e}_{\mathrm{m}} = e + \Delta\overline{e}_{\mathrm{m}} \tag{5-33}$$

剪切带的平均最大孔隙度 $\overline{n}'_{\mathrm{m}}$ 可以表示为

$$\overline{n}'_{\mathrm{m}} = \frac{\overline{e}_{\mathrm{m}}}{1 + \overline{e}_{\mathrm{m}}} \tag{5-34}$$

可以发现，凡能引起剪切带的平均最大孔隙比 $\overline{e}_{\mathrm{m}}$ 增加的因素，都会引起剪切带的平均最大孔隙度 $\overline{n}'_{\mathrm{m}}$ 增加。也就是说，随着扩容角 ψ 的增加，$\overline{n}'_{\mathrm{m}}$ 增加；随着初始孔隙比（应变局部化刚启动时的孔隙比）e 的增加，$\overline{n}'_{\mathrm{m}}$ 增加；随着残余抗剪强度 τ_{r} 的降低，$\overline{n}'_{\mathrm{m}}$ 增加；随着剪切弹性模量 G 及剪切弹塑性模量 λ 的降低，$\overline{n}'_{\mathrm{m}}$ 增加。

5.2.2　最大孔隙度的参数研究

本节仅分析剪切软化模量 λ、残余抗剪强度 τ_r 及扩容角 ψ 对剪切带的最大孔隙度 $\overline{n}'_m$ 的影响，对其他孔隙特征参数的影响不再赘述。

取 $G = 20\text{GPa}$、$l = 0.006\text{m}$、$e = 0.05$、$\psi = 0.25\pi$、$\tau_r = 2\text{MPa}$ 及 $\tau_c = 20\text{MPa}$，不同 λ 时最大孔隙度 n'_m 见图 5-8。可以发现，λ 越大，则剪切带的最大孔隙度越小，这是由于 λ 越大，则材料脆性越强，塑性变形越小。

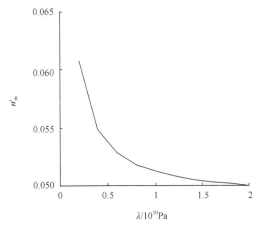

图 5-8　剪切弹塑性模量与最大孔隙度之间的关系

取 $G = 20\text{GPa}$、$l = 0.006\text{m}$、$e = 0.05$、$\psi = 0.25\pi$、$\lambda = 10\text{GPa}$ 及 $\tau_c = 20\text{MPa}$，不同残余抗剪强度时孔隙度 $\overline{n}'_m$ 见图 5-9。可以发现，残余抗剪强度越大，则剪切带的最大孔隙度越小，这是由于残余抗剪强度越大，则抗剪强度 τ_c 与残余抗剪强度之差越小，应变软化越不严重。

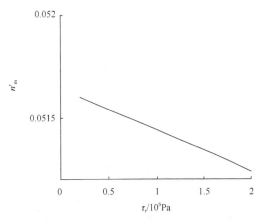

图 5-9　残余抗剪强度与最大孔隙度之间的关系

取 $G=20\text{GPa}$、$l=0.006\text{m}$、$e=0.05$、$\psi=0.25\pi$、$\lambda=10\text{GPa}$ 及 $\tau_\text{r}=2\text{MPa}$，不同剪胀角时孔隙度 n'_m 见图 5-10。可以发现，剪胀角越大，则剪切带的最大孔隙度越大，这是由于剪胀角越大，则塑性剪切应变相同时塑性体积应变越大。

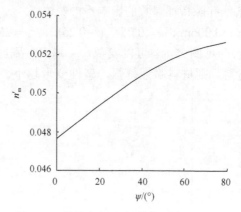

图 5-10　剪胀角与最大孔隙度之间的关系

5.2.3　关于剪胀、剪缩及最大孔隙比的两层含义的讨论

1. 剪胀与剪缩

扩容角 $\psi>0^\circ$ 意味着剪胀；$\psi<0^\circ$ 意味着剪缩。通常，松砂剪缩而密砂剪胀(沈珠江，2000)，软岩剪缩而硬岩剪胀。目前的分析是针对剪胀而言的。换言之，上述分析适用于密砂及硬岩，它们在峰值强度后，呈现明显的应变局部化特征。对于剪胀材料，应变软化过程中孔隙比及孔隙度等孔隙特征参数都持续增加，直到达到残余抗剪强度。

2. 几个新概念

在应变局部化启动之后，为了描述剪切带的具有局部化特征的孔隙参数，提出了几个新概念，例如，剪胀引起的剪切带的平均最大孔隙比增量、剪胀引起的剪切带的最大孔隙比增量、剪切带的平均最大孔隙比及剪切带的平均最大孔隙度等，并建立了它们之间的联系。

3. 最大孔隙比的两层含义

在某一剪切应力水平下，剪切带内，存在局部(和坐标有关)最大孔隙比及局部最大孔隙度。而且，当剪切应力降至残余抗剪强度时，局部最大孔隙比及局部最大孔隙度均达到临界值，该值为最大值；此时，剪切带的平均(和坐标无关)最大孔隙比及平均孔隙度均达到临界值,该值也为最大值。Desrues(1998)的"局部孔隙比"对应于本书的平均孔隙比。Lade(1989)指出,在残余抗剪强度阶段,"孔隙比"稳定在最大值不再增加,其"孔隙比"也对应于本书的平均孔隙比。另外,Morrow 和 Byerlee(1989)提到的"临界孔隙比"也对应于本书的平均孔隙比。

4. 实验结果验证

目前的理论结果得到了若干实验结果(Desues et al.,1996;Oda and Kazama,1998;Wong,2000)的佐证,例如,剪切带的孔隙比等孔隙特征参数分布是极不均匀的,剪切带内孔隙比是带外孔隙比(初始孔隙比 e)的若干倍,剪切带内,孔隙比等孔隙特征参数分布具有局部化特征。

另外,目前的理论结果还能解释一些实验现象,例如,当残余抗剪强度被达到时,平均孔隙比保持最大值不再改变的实验现象(Lade,1989;Desrues,1998)。

不仅如此,还研究了各种参数对剪切带的孔隙特征参数的影响,并对结果的合理性进行了解释。

5.2.4　平均孔隙比与平均塑性剪切应变之间的关系

式(2-13)及式(5-19)给出了剪切带的局部塑性剪切应变 $\gamma^{\mathrm{p}}(y)$ 的表达式,令其平均值为 $\bar{\gamma}^{\mathrm{p}}$:

$$\bar{\gamma}^{\mathrm{p}} = \frac{2}{w}\int_0^{w/2} \gamma^{\mathrm{p}}(y)\mathrm{d}y = \frac{\tau_{\mathrm{c}} - \tau}{c} \tag{5-35}$$

类似于式(5-30),可以得到

$$\Delta\bar{e} = \sin\psi(1+e)\frac{\tau_{\mathrm{c}} - \tau}{c} \tag{5-36}$$

式中, $\Delta\bar{e}$ 为剪胀引起的剪切带的平均孔隙比增量。

利用式(5-35)及式(5-36),可以得到

$$\frac{\Delta\bar{e}}{\bar{\gamma}^{\mathrm{p}}} = \sin\psi(1+e) \tag{5-37}$$

类似于式(5-33),可以得到

$$\bar{e} = e + \Delta\bar{e} \tag{5-38}$$

式中, $\bar{e}$ 为剪切带的平均孔隙比。

利用式(5-37)及式(5-38),可以得到

$$\bar{e} = e + \sin\psi(1+e)\bar{\gamma}^{\mathrm{p}} \tag{5-39}$$

可以发现，在应变软化阶段，剪切带的平均孔隙比与平均塑性剪切应变呈线性关系。在残余变形阶段，剪切带的平均孔隙比保持为最大值，不再改变。在上述阶段，剪切带的平均孔隙比与平均塑性剪切应变之间的关系见图 5-11。

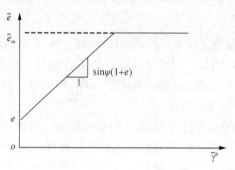

图 5-11　剪切带的平均孔隙比与平均塑性剪切应变之间的关系

5.3　本　章　小　结

在应变软化阶段，剪切应变局部化引起的剪切带的孔隙度、孔隙比、孔隙度增量、孔隙比增量、孔隙度变化率及孔隙比变化率等孔隙特征参数分布均具有局部化特征。

在应变软化过程中，剪切带的孔隙度、孔隙比、孔隙度增量及孔隙比增量分布变得越来越不均匀；卸载越快，则孔隙度变化率及孔隙比变化率分布越陡峭。

内部长度越小，则剪切带的孔隙比梯度越大；内部长度不影响剪切带的最大孔隙比。剪切软化模量越大，则剪切带的最大孔隙比越小。

对于剪胀材料，剪切带内存在最大孔隙比，提出了相应的理论表达式。最大孔隙比具有两层含义：局部最大孔隙比和平均最大孔隙比，分别解释了相关的实验现象。

研究了各种因素对剪切带的平均最大孔隙度的影响。给出了剪切弹塑性模量、残余抗剪强度及扩容角对剪切带内部的最大孔隙度的影响规律。

在应变软化阶段，剪切带的平均孔隙比与平均塑性剪切应变呈线性关系；在残余变形阶段，剪切带的平均孔隙比保持为最大值，不再改变。

第6章 单轴拉伸试样的应变、损伤局部化及应力-应变曲线分析

通过对 de Borst 和 Mühlhaus(1992)在梯度塑性理论解析方面的开创性工作的回顾，指出了需要改进之处。将提出的单轴拉伸条件下拉伸应变局部化带的局部塑性拉伸应变分布的解析解及试样应力-应变曲线的解析解和前人的数值解进行了定量的比较，验证了理论结果的正确性，研究了各种本构参数及结构尺寸对试样应力-应变曲线的影响。将损伤变量视为非局部变量，根据非局部理论，推导了拉伸应变局部化带的局部损伤变量的表达式，提出了非局部损伤变量及其时间导数以及它们最大值的表达式，研究了各种本构参数对上述损伤变量的影响。局部损伤变量分布的解析解与前人的数值解在定性上是一致的。目前的拉伸应力、拉伸应变、非局部损伤变量之间的关系不同于传统的损伤模型，指出了这种定义方式的优越性。

6.1 de Borst 和 Mühlhaus(1992)的开创性工作及评述

de Borst 和 Mühlhaus(1992)研究了应变软化材料试样的单轴拉伸问题，力学模型及本构关系见图 6-1，L 为试样的高度或长度，σ 为试样受到的轴向拉伸应力，σ_t 为抗拉强度，ε^p 为塑性拉伸应变，h 为拉伸应力-塑性拉伸应变关系的斜率(为负)，x 为沿试样轴向的坐标，圆点 O 可认为取在试样的中心。假设拉伸应变局部化开始于拉伸应力达到抗拉强度之时，拉伸应变局部化带的宽度设为 w。

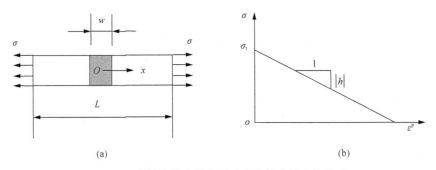

图 6-1 单轴拉伸力学模型及应变软化的本构关系

在经典弹塑性理论的屈服函数中引入应变梯度项，有

$$\sigma = \sigma_t + h\varepsilon^p - c\frac{d^2\varepsilon^p}{dx^2} \tag{6-1}$$

式中，$c = hl^2$，l 为应变软化材料的内部长度。弹性区与塑性区（拉伸应变局部化带）之间的交界条件为

$$\dot{\varepsilon}^p = 0 \tag{6-2}$$

考虑到（局部）塑性拉伸应变是关于坐标 x 的偶函数，再利用上述交界条件，可以得到（局部）塑性拉伸应变的表达式，再对时间求导，可以得到拉伸局部化带的（局部）塑性拉伸应变率的表达式：

$$\dot{\varepsilon}^p = \frac{\dot{\sigma}}{h}\left[1 - \cos\left(\frac{x}{l}\right)\Big/\cos\left(\frac{w}{2l}\right)\right] \tag{6-3}$$

式中，$\dot{\sigma}$ 为拉伸应力卸载率。

根据胡克定律，弹性应变率可以表示为

$$\dot{\varepsilon}^e = \frac{\dot{\sigma}}{E} \tag{6-4}$$

因此，应变局部化带的总（局部）应变率为

$$\dot{\varepsilon} = \dot{\varepsilon}^e + \dot{\varepsilon}^p \tag{6-5}$$

弹性区与塑性区交界处的速度可以表示为

$$\dot{u}\left(\frac{w}{2}\right) = \int_0^{\frac{w}{2}} \dot{\varepsilon}^e dx + \int_0^{\frac{w}{2}} \dot{\varepsilon}^p dx \tag{6-6}$$

将式(6-3)及式(6-4)代入式(6-6)，将式(6-6)再加上试样弹性区的速度，可以得到试样端部的速度的表达式为

$$\dot{u}\left(\frac{L}{2}\right) = \frac{\dot{\sigma}L}{2E} + \frac{\dot{\sigma}}{h}\left(\frac{w}{2} - l\tan\frac{w}{2l}\right) \tag{6-7}$$

仅考虑能使 $\dot{u}(L/2)/\dot{\sigma}$ 取得最大值的 w：

$$\cos^2\left(\frac{w}{2l}\right) = 1 \tag{6-8}$$

因此，可以得到 w 的最小非零解为

$$w = 2\pi l \tag{6-9}$$

将式(6-9)代入式(6-7)，可以得到

$$\dot{u}\left(\frac{L}{2}\right) = \frac{\dot{\sigma}}{2}\left(\frac{L}{E} + \frac{w}{h}\right) \tag{6-10}$$

试样两端的速度差为

$$\Delta\dot{u} = \dot{u}\left(\frac{L}{2}\right) - \dot{u}\left(-\frac{L}{2}\right) = 2\dot{u}\left(\frac{L}{2}\right) \tag{6-11}$$

因此，式(6-10)可以表示为

$$\frac{\Delta\dot{u}}{\dot{\sigma}} = \frac{L}{E} + \frac{w}{h} \tag{6-12}$$

在应变软化阶段，当试样两端的速度差与拉伸应力卸载率之比大于零时，试样将发生快速回跳，其条件为

$$\frac{L}{E} + \frac{w}{h} > 0 \tag{6-13}$$

1. de Borst 和 Mühlhaus(1992)的开创性工作的表现

de Borst 和 Mühlhaus(1992)的上述工作是开创性的，主要表现在以下 3 点：

(1)得到了拉伸应变局部化带的(局部)塑性拉伸应变率的精确表达式，拉伸应变局部化带的拉伸塑性应变率分布是非常不均匀的，拉伸塑性应变率在拉伸应变局部化带中部最大，在拉伸应变局部化带边界最小。拉伸应变局部化带内的，相同拉伸应力率可以对应于不同拉伸应变率，这加深了对广泛存在的应变局部化现象的理解。

(2)得到的拉伸应变局部化带尺寸仅与应变软化材料的内部长度有关，这与实验室和野外观察到的应变局部化带具有一定宽度的现象是一致的，这对后续的理论研究(例如，尺寸效应、峰后刚度、稳定性、轴向应变及体积应变等)及数值模拟研究都有深远的影响。

(3)得到了试样发生快速回跳的准则，这加深了对广泛存在的快速回跳现象(例如，岩石力学中的 II 类变形行为及地震领域由里德观测到的断层弹性回跳现象)、尺寸效应及稳定性的认识。

2. 讨论

应当指出：

(1)上述推导过程中用到了三个方程、三个条件：本构方程(在经典屈服函数中引入二阶应变梯度项)、平衡方程(认为弹性区与塑性区的拉伸应力率相等)及几何方程(弹性区与塑性区交界处的速度与拉伸应变率之间的关系)；边界条件(弹性区与塑

性区交界处的拉伸应变率为零)、初始条件(拉伸应变局部化启动于抗拉强度)及用于确定拉伸应变局部化带尺寸的附加条件,该条件在经典弹塑性理论中是不存在的。

(2)上述推导结果得到了广泛的认可和接受,尤其是式(6-9)常用来验证各种数值结果的正确性。利用式(6-9),可以根据实际测量得到的拉伸应变局部化带宽度反求应变软化材料的内部长度。由于拉伸应变局部化带宽度可由内部长度完全确定,因此,应变局部化过程消耗的能量也可以明确。

(3)上述推导过程并不十分完美,表现之一是,用 ε^p 表示经典本构关系中的(平均)塑性拉伸应变,用 $\dot{\varepsilon}^p$ 表示拉伸应变局部化带的(局部)塑性拉伸应变率(与坐标 x 有关),这样很容易造成误解。另外,未能得到拉伸应变局部化带的(局部)塑性拉伸应变分布的表达式,未能得到拉伸应变局部化带的(局部)塑性拉伸位移分布的表达式。

(4)de Borst 和 Mühlhaus(1992)仅分析了力学上比较容易处理的单轴拉伸问题,对于直接剪切及单轴压缩条件下准脆性材料试样的尺寸效应及稳定性问题都未涉及。和单轴拉伸问题研究相比,直接剪切及单轴压缩条件下准脆性材料试样的峰后变形、破坏及稳定性问题的研究更为重要,更具有普遍意义。

6.2 局部塑性拉伸应变分布及应力-位移曲线解析式验证

6.2.1 局部塑性拉伸应变分布解析式验证

类似于式(2-13)的推导,拉伸应变局部化带的局部塑性拉伸应变分布的解析式为

$$\varepsilon^p(y) = \frac{\sigma_t - \sigma}{c}\left(1 + \cos\frac{y}{l}\right) \tag{6-14}$$

式中,σ_t 为抗拉强度;σ 为拉伸应力;c 为软化模量;y 为坐标;l 为内部长度。

拉伸应变局部化带的局部塑性拉伸应变的解析解与 de Borst 和 Mühlhaus(1992)基于梯度塑性理论得到的数值解的对比见图6-2。参数取值如下:弹性模量 $E = 20\text{GPa}$、软化模量 $c = 2\text{GPa}$、抗拉强度 $\sigma_t = 2\text{MPa}$、拉伸应力 $\sigma = 0.97\text{MPa}$ 及特征长度 $l = 0.005\text{m}$。

可以发现,目前的解析解与 de Borst 和 Mühlhaus(1992)的数值解非常吻合。在拉伸应变局部化带的中部,塑性拉伸应变达到最大值;在拉伸应变局部化带的两个边界,塑性拉伸应变都降至零。总之,拉伸应变局部化带的,局部塑性拉伸应变分布是非常不均匀的,这是由于非均质应变软化材料微小结构之间存在明显的相互影响和作用。

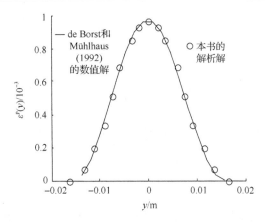

图 6-2　局部塑性拉伸应变分布的解析解与数值解的对比

6.2.2　拉伸应力-位移曲线解析式

在峰值强度 σ_t 之前，沿试样轴向的拉伸可以近似认为是均匀的。这样，在弹性阶段，微分形式的本构关系可以表示为

$$\mathrm{d}\sigma = E\mathrm{d}\varepsilon_e \tag{6-15}$$

式中，σ 为拉伸应力；E 为弹性模量，保持为常量；ε_e 为弹性拉伸应变，若将外力全部卸载，则该应变可以完全恢复；d 为微分符号；$\mathrm{d}\varepsilon_e$ 及 $\mathrm{d}\sigma$ 分别为弹性拉伸应变及拉伸应力的微分。

若拉伸应变局部化现象出现，则沿试样轴向的拉伸应变不再保持均匀分布。沿试样轴向的总拉伸应变的微分可以分解为弹性拉伸应变及塑性拉伸应变的微分之和：

$$\mathrm{d}\varepsilon = \mathrm{d}\varepsilon_e + \mathrm{d}\varepsilon_p \tag{6-16}$$

式中，$\mathrm{d}\varepsilon$ 及 $\mathrm{d}\varepsilon_p$ 分别为总拉伸应变及塑性拉伸应变的微分。在应变软化阶段，不考虑刚度的劣化(损伤)。可由式(6-15)得到弹性应变的微分 $\mathrm{d}\varepsilon_e$

$$\mathrm{d}\varepsilon_e = \frac{\mathrm{d}\sigma}{E} \tag{6-17}$$

由于沿试样轴向的塑性拉伸应变来源于拉伸应变局部化带的塑性拉伸位移 δ_l^p，因此，可得

$$\mathrm{d}\varepsilon_p = \mathrm{d}\left(\frac{\delta_l^p}{L}\right) = \frac{\mathrm{d}\delta_l^p}{L} \tag{6-18}$$

　　拉伸应变局部化带的不可恢复拉伸应变 ε_l^p 可以通过图 6-1(b) 中的线性软化关系确定，也可以通过对式(6-14)在拉伸应变局部化带内部对坐标 y 积分求得：

$$\varepsilon_l^p = \frac{1}{w}\int_0^w \varepsilon^p(y,\sigma)\mathrm{d}y = \frac{2}{w}\int_0^{\frac{w}{2}} \varepsilon^p(y,\sigma)\mathrm{d}y = \frac{2}{w}\int_0^{\frac{w}{2}} \frac{\sigma_t-\sigma}{c}\left(1+\cos\frac{y}{l}\right)\mathrm{d}y = \frac{\sigma_t-\sigma}{c} \quad (6\text{-}19)$$

　　因此，拉伸应变局部化带的塑性拉伸应变的微分 $\mathrm{d}\varepsilon_l^p$ 可以表示为

$$\mathrm{d}\varepsilon_l^p = -\frac{\mathrm{d}\sigma}{c} \quad (6\text{-}20)$$

　　很明显，拉伸应变局部化带的塑性拉伸应变的微分与应变局部化带的塑性拉伸位移的微分之间的关系可以表示为

$$\mathrm{d}\varepsilon_l^p = \frac{\mathrm{d}\delta_l^p}{w} \quad (6\text{-}21)$$

　　利用式(6-18)、式(6-20)及式(6-21)，可得

$$\mathrm{d}\varepsilon_p = -\frac{w\mathrm{d}\sigma}{Lc} \quad (6\text{-}22)$$

　　根据式(6-15)、式(6-16)及式(6-22)，总拉伸应变的微分为

$$\mathrm{d}\varepsilon = \frac{\mathrm{d}\sigma}{E} - \frac{w\mathrm{d}\sigma}{Lc} \quad (6\text{-}23)$$

　　因此，单轴拉伸条件下试样的应力-应变曲线的峰后斜率可以表示为

$$\frac{\mathrm{d}\sigma}{\mathrm{d}\varepsilon} = \left(\frac{1}{E} - \frac{w}{Lc}\right)^{-1} \quad (6\text{-}24)$$

　　当拉伸应变局部化未开始时（$\sigma \leqslant \sigma_t$），$w=0$，$\mathrm{d}\varepsilon_p = 0$。这样，$\mathrm{d}\varepsilon = \mathrm{d}\varepsilon_e$。因此，可得

$$\mathrm{d}\sigma = E\mathrm{d}\varepsilon_e \quad (6\text{-}25)$$

　　式(6-25)与式(6-15)完全相同，是以微分形式表示的弹性阶段的本构方程。也就是说，式(6-24)可以描述应力-应变曲线的上升段和软化段。若 $w \neq 0$，式(6-24)适用于应变软化阶段；若 $w=0$，式(6-24)仅适用于峰值强度被达到之前的弹性阶段。

式(6-24)仅描述了应力-应变曲线的上升段和软化段的斜率。若已知抗拉强度 σ_t 及其对应的应变 ε_t，应力-应变曲线软化段的解析式可以表示为

$$\sigma = \frac{\mathrm{d}\sigma}{\mathrm{d}\varepsilon}(\varepsilon - \varepsilon_t) + \sigma_t \tag{6-26}$$

抗拉强度所对应的应变 σ_t 可由 $\sigma_t = E\varepsilon_t$ 确定。因此，式(6-26)可以写成

$$\sigma = \left(\frac{1}{E} - \frac{w}{Lc}\right)^{-1}\varepsilon - \left(\frac{1}{E} - \frac{w}{Lc}\right)^{-1}\varepsilon_t + \sigma_t \tag{6-27}$$

当 $w=0$，式(6-27)可以简化为

$$\sigma = E\varepsilon \tag{6-28}$$

因此，式(6-27)是描述应力-应变曲线的解析式。

6.2.3　内部长度对应力-位移曲线影响的验证

将提出的单轴拉伸条件下试样应力-位移曲线的解析解与 de Borst 和 Mühlhaus (1992)不同内部长度的数值解进行了对比，见图 6-3。直线是目前的解析解。参数取值如下：弹性拉伸模量 $E = 20\mathrm{GPa}$、软化模量 $c = 2\mathrm{GPa}$ 及试样的高度 $L = 0.1\mathrm{m}$。当内部长度 $l = 10\mathrm{mm}$ 时，单轴抗拉强度取为 $\sigma_t = 1.98\mathrm{MPa}$；当内部长度 $l = 5\mathrm{mm}$ 时，单轴抗拉强度取为 $\sigma_t = 1.94\mathrm{MPa}$。需要指出，$\Delta u$ 为轴向拉伸位移，$\Delta u = \varepsilon L$。

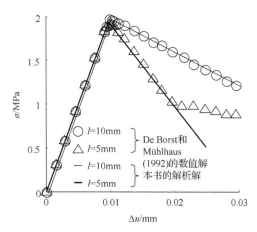

图 6-3　单轴拉伸试样不同内部长度的应力-位移曲线的解析解与数值解的对比

由图 6-3 可见，随着内部长度或拉伸应变局部化带宽度的降低，应力-位移曲线软化段的斜率的绝对值增加，试样的轴向响应变脆。目前的不同内部长度的解析解与前人的数值解非常吻合，尤其是当内部长度较大时。内部长度描述应变软化材料质地的非均匀程度。当内部长度较大时，材料的质地比较粗糙。

值得一提的是，当内部长度较小时，通过软化段的数值解在轴向拉伸位移较大时呈现曲线是难以理解的，因为在拉伸应变局部化启动之后，有限元数值计算采用了线性软化的本构关系，而且计算是针对一维问题。

6.2.4　本构参数及结构尺寸对拉伸应力-拉伸应变曲线的影响

图 6-4 所示为试样高度对应力-应变曲线峰后行为的影响。参数取值如下：$\sigma_t = 2\text{MPa}$、$c = 2\text{GPa}$、$l = 0.01\text{m}$ 及 $E = 6\text{GPa}$。计算结果表明，试样越高，则应力-应变曲线软化段越陡峭。当试样较高时，快速回跳现象（Ⅱ类变形行为）发生。目前，岩石类材料单轴拉伸条件下的实验结果（金丰年和钱七虎，1998）还不多见，峰后Ⅱ类变形行为还较少见。

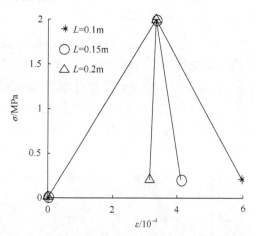

图 6-4　试样高度对应力-应变曲线峰后行为的影响

图 6-5 所示为软化模量对应力-应变曲线软化段的影响。参数取值如下：$\sigma_t = 2\text{MPa}$、$l = 0.01\text{m}$、$E = 6\text{GPa}$ 及 $L = 0.1\text{m}$。由此可见，当软化模量较大时，快速回跳现象发生；当软化模量较小时，应力-应变曲线软化段倾向于韧性。软化模量越高意味着材料的脆性越强，因此，这一结果是合理的。

应力-应变曲线随着弹性模量的变化规律见图 6-6，参数取值如下：$\sigma_t = 2\text{MPa}$、$l = 0.01\text{m}$、$L = 0.1\text{m}$ 及 $c = 2\text{GPa}$。由图 6-6 可以看出，低弹性模量导致了陡峭的峰后行为，甚至导致了快速回跳现象。

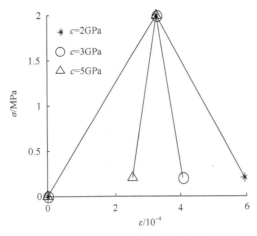

图 6-5　软化模量对应力-应变曲线软化段的影响

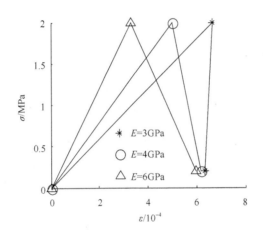

图 6-6　弹性模量对应力-应变曲线峰前及峰后行为的影响

6.3　单轴拉伸试样的损伤局部化

6.3.1　局部损伤变量及局部损伤变量率

根据非局部理论，将损伤变量作为非局部变量，可以得到

$$\bar{D} = D(y) + \frac{1}{2} l^2 \frac{\mathrm{d}D^2(y)}{\mathrm{d}y^2} \tag{6-29}$$

式中，$\bar{D}$ 为非局部损伤变量，其所对应的局部损伤变量为 $D(y)$，所谓局部是指

和坐标有关。

应当指出，在式(6-29)中已将四阶及以上局部损伤变量的空间导数舍去了，仅考虑了二阶局部损伤变量的空间导数。l 为内部长度，为了表示方便，不妨设 $l^2 = 2l_0^2$，l_0 为新的内部长度。

图 6-7 为单轴拉伸试样的损伤分布示意图及各种损伤模型(Jansen and Shah，1997)。图 6-7(d) 为线损伤模型；图 6-7(c) 为均匀损伤模型；图 6-7(b) 为分布损伤模型，显然，图 6-7(b) 更符合实际。

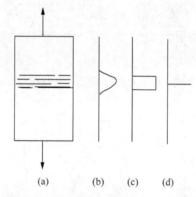

图 6-7　单轴拉伸试样的损伤分布示意图及各种损伤模型

图 6-8 所示为单轴拉伸条件下应变软化材料的本构关系。E 为弹性模量，λ 为拉伸应力-拉伸应变曲线软化段的斜率的绝对值（拉伸弹塑性模量）；σ_t 为单轴抗拉强度。

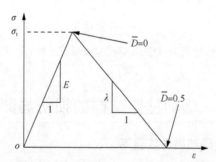

图 6-8　单向拉伸条件下应变软化材料的本构关系

在弹性阶段，拉伸应力与拉伸应变之间的关系满足线弹性胡克定律：

$$\sigma = E\varepsilon \tag{6-30}$$

在应变软化阶段，拉伸应力、拉伸应变及非局部损伤变量之间的关系为

$$\sigma = E\varepsilon(1 - 2\overline{D}) \tag{6-31}$$

应当指出，式(6-31)与经典损伤模型的定义方式不同。在式(3-31)中，非局部损伤变量前的系数为 2，而不是 1。这样定义会有一定的优越性，这将在下文阐述。当试样的拉伸应力处于单轴抗拉强度时，$\overline{D} = 0$；在应变软化阶段，当拉伸应力为零时，$\overline{D} = 0.5$，见图 6-8。

将式(6-29)代入式(6-31)，可以得到

$$\frac{\mathrm{d}^2 D(y)}{\mathrm{d}y^2} + \frac{D(y)}{l_0^2} = \frac{1}{2l_0^2}\left(1 - \frac{\sigma}{E\varepsilon}\right) \tag{6-32}$$

弹性区与损伤局部化区交界处的交界条件为

$$D(y)\Big|_{\sigma=\pm\frac{w}{2}} = 0 \tag{6-33}$$

式中，w 为损伤局部化区宽度。

假定损伤局部化区的实际宽度使局部损伤变量达到最大值：

$$\frac{\mathrm{d}D(y)}{\mathrm{d}w} = 0 \tag{6-34}$$

利用式(6-32)、式(6-33)及式(6-34)，可以得到局部损伤变量及损伤局部化区宽度的解析式：

$$D(y) = \frac{1}{2}\left(1 - \frac{\sigma}{E\varepsilon}\right) \cdot \left(1 + \cos\frac{y}{l_0}\right) \tag{6-35}$$

$$w = 2\pi l_0 \tag{6-36}$$

在应变软化阶段，$\sigma = E\varepsilon^{\mathrm{e}}$，因此，式(6-35)可以写成另一种形式。由式(6-35)可以发现，当 $\sigma = \sigma_{\mathrm{t}}$ 时，$D(y) = 0$；当 $\sigma = 0$ 时，有

$$D(y)\Big|_{\sigma=0} = D_{\mathrm{m}}(y) = \frac{1}{2}\left(1 + \cos\frac{y}{l_0}\right) \tag{6-37}$$

由式(6-37)可见，当 $y = 0$ 时，$D_{\mathrm{m}}(y = 0)$ 达到最大值 1。因此，为了使局部损伤变量的最大值为 1，需要式(6-31)中非局部损伤变量前的系数为 2。虽然，式(6-31)的定义不符合习惯，但这种定义方式却可以保证局部损伤变量的最大值为 1，这意味着在损伤局部化区的中部，试样完全被拉断，这与常识非常相符。

将式(6-35)对坐标 y 求一阶导数，可得

$$\frac{\mathrm{d}D(y)}{\mathrm{d}y} = -\frac{1}{2l_0}\left(1 - \frac{\sigma}{E\varepsilon}\right)\sin\frac{y}{l_0} \qquad (6\text{-}38)$$

再将式(6-38)对坐标 y 求一阶导数，可得

$$\frac{\mathrm{d}^2 D(y)}{\mathrm{d}y^2} = -\frac{1}{2l_0^2}\left(1 - \frac{\sigma}{E\varepsilon}\right)\cos\frac{y}{l_0} \qquad (6\text{-}39)$$

将式(6-38)及式(6-39)代入式(6-29)，可得非局部损伤变量：

$$\overline{D} = \frac{1}{2}\left(1 - \frac{\sigma}{E\varepsilon}\right) \qquad (6\text{-}40)$$

其实，式(6-40)也可以由式(6-31)直接得到，上述推导也验证了式(6-35)的正确性。

从下面的推导过程可以发现。非局部损伤变量与局部损伤变量之间的鲜明关系。在损伤局部化区的不同位置，局部损伤变量并不相同。由于局部损伤变量是偶函数，因此，对于求其平均值而言，仅对 $y > 0$ 的范围求平均值，再除以损伤局部化区的一半即可：

$$\frac{2}{w}\int_0^{\frac{w}{2}} D(y)\mathrm{d}y = \frac{1}{2}\left(1 - \frac{\sigma}{E\varepsilon}\right) = \overline{D} \qquad (6\text{-}41)$$

这就说明了，局部损伤变量在损伤局部化区的平均值就是非局部损伤变量。换言之，局部损伤变量的最大值大于非局部损伤变量。这也说明了，当 $\sigma = 0$ 时，若令 $\overline{D} = 1$，则局部损伤变量的最大值为 2，这与常识不符。

式(6-35)形式虽然简洁，但不便于计算，因为 ε 还与 σ 有关：

$$\varepsilon = \frac{\sigma_\mathrm{t}}{E} + \frac{\sigma_\mathrm{t} - \sigma}{\lambda} \qquad (6\text{-}42)$$

根据式(6-40)，可得

$$\overline{D} = \frac{1}{2}\left\{1 - \left[\frac{\sigma_\mathrm{t}}{\sigma}\left(\frac{E}{\lambda} + 1\right) - \frac{E}{\lambda}\right]^{-1}\right\} \qquad (6\text{-}43)$$

再利用式(6-35)及式(6-40)，可得

$$D(y) = \overline{D}\left(1 + \cos\frac{y}{l_0}\right) \qquad (6\text{-}44)$$

由式(6-44)可见，在某一拉伸应力水平下，局部损伤变量的最大值是非局部损伤变量的 2 倍。$\overline{D}$ 可以表示为另一种形式：

$$\overline{D} = \frac{2}{w} \int_0^{\frac{w}{2}} D(y)\mathrm{d}y = \frac{\sigma_{\mathrm{c}} - \sigma}{2c\varepsilon} \tag{6-45}$$

将式(6-44)对时间求导，可得

$$\dot{D}(y) = \dot{\overline{D}}\left(1 + \cos\frac{y}{l_0}\right) \tag{6-46}$$

由上式可以发现，局部损伤变量率 $\dot{D}(y)$ 的最大值是非局部损伤变量率 $\dot{\overline{D}}$ 的 2 倍。

将式(6-43)对时间求导，可得非局部损伤变量率：

$$\dot{\overline{D}} = -\frac{\sigma_{\mathrm{t}}\dot{\sigma}\left(1 + \dfrac{E}{\lambda}\right)}{2\left[\sigma_{\mathrm{t}}\left(1 + \dfrac{E}{\lambda}\right) - \dfrac{E}{\lambda}\sigma\right]^2} \tag{6-47}$$

在应变软化阶段，$\dot{\sigma} < 0$，因此，$\dot{\overline{D}} > 0$。令损伤局部化区的最大损伤变量为 D_{m}，$D_{\mathrm{m}} = 2\overline{D} = D(y=0)$，根据式(6-43)，有

$$D_{\mathrm{m}} = 1 - \frac{1}{\dfrac{\sigma_{\mathrm{t}}}{\sigma}\left(\dfrac{E}{\lambda} + 1\right) - \dfrac{E}{\lambda}} \tag{6-48}$$

从上式可以发现，当 $\lambda \to \infty$ 时，$D(0) = 1 - \sigma/\sigma_{\mathrm{t}}$；当 $E \to 0$ 时，上述关系也成立。

同理，可令损伤局部化区的最大损伤变量率为 $\dot{D}_{\mathrm{m}}$，$\dot{D}_{\mathrm{m}} = 2\dot{\overline{D}} = \dot{D}(y=0)$，根据式(6-47)，有

$$\dot{D}_{\mathrm{m}} = -\frac{\sigma_{\mathrm{t}}\dot{\sigma}\left(1 + \dfrac{E}{\lambda}\right)}{\left[\sigma_{\mathrm{t}}\left(1 + \dfrac{E}{\lambda}\right) - \dfrac{E}{\lambda}\sigma\right]^2} \tag{6-49}$$

当 $\sigma = \sigma_{\mathrm{t}}$ 时，有

$$\dot{D}_{\mathrm{m}} = -\frac{\dot{\sigma}}{\sigma_{\mathrm{t}}}\left(1 + \frac{E}{\lambda}\right) \tag{6-50}$$

当 $\sigma = 0$ 时，有

$$\dot{D}_{\mathrm{m}} = -\frac{\dot{\sigma}}{\sigma_{\mathrm{t}}}\left(1+\frac{E}{\lambda}\right)^{-1} \tag{6-51}$$

6.3.2　局部损伤变量的参数研究

1.拉伸应力的影响

参数取值如下：$l=0.002\mathrm{m}$、$E=20\mathrm{GPa}$、$\lambda=E$ 及 $\sigma_{\mathrm{t}}=5\mathrm{MPa}$。不同拉伸应力的局部损伤变量分布见图 6-9（a）。由此可见，随着拉伸应力的降低，局部损伤变量分布变陡峭。

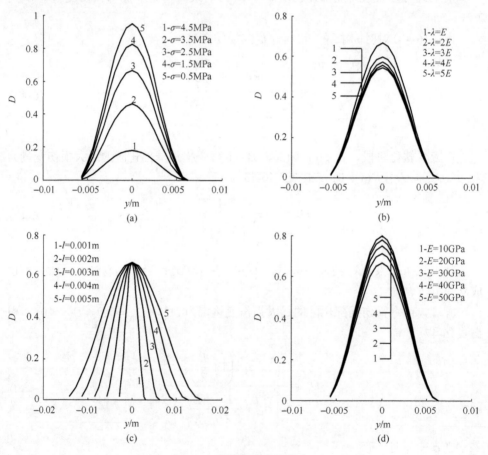

图 6-9　局部损伤变量分布

2.拉伸弹塑性模量的影响

参数取值如下：$l=0.002\mathrm{m}$、$E=20\mathrm{GPa}$、$\sigma=2.5\mathrm{MPa}$ 及 $\sigma_{\mathrm{t}}=5\mathrm{MPa}$。不同 λ

的局部损伤变量分布见图 6-9(b)。由此可见，随着 λ 的增加，局部损伤变量分布变得不陡峭。

3. 内部长度的影响

参数取值如下：$\sigma = 2.5\text{MPa}$、$E = 20\text{GPa}$、$\lambda = E$ 及 $\sigma_t = 5\text{MPa}$。不同内部长度的局部损伤变量分布见图 6-9(c)。由此可见，内部长度不影响局部损伤变量的最大值。这一理论结果与 Bažant 和 Pijaudier-Cabot(1988) 及 Peerlings 等(1996) 的数值模拟结果(内部长度越小，则损伤变量的梯度越大)比较类似。所不同的是，目前的理论结果表明，内部长度对局部损伤变量的最大值没有影响。

4. 弹性模量的影响

参数取值如下：$l = 0.002\text{m}$、$\lambda = 20\text{GPa}$、$\sigma = 2.5\text{MPa}$ 及 $\sigma_t = 5\text{MPa}$。不同弹性模量的局部损伤变量分布见图 6-9(d)。由此可见，增加弹性模量，则局部损伤变量分布变陡峭。

6.3.3　局部损伤变量最大值的参数研究

1. 拉伸弹塑性模量的影响

参数取值如下：$l = 0.002\text{m}$、$E = 20\text{GPa}$ 及 $\sigma_t = 5\text{MPa}$。不同 λ 的局部损伤变量最大值随着拉伸应力的变化规律见图 6-10(a)。由此可见，增加 λ，则局部损伤变量最大值-拉伸应力曲线变得平直。

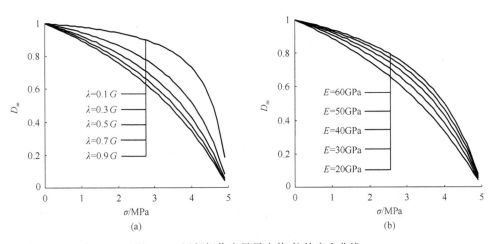

图 6-10　局部损伤变量最大值-拉伸应力曲线

2. 弹性模量的影响

参数取值如下：$l = 0.002\text{m}$、$\lambda = 20\text{GPa}$ 及 $\sigma_\text{t} = 5\text{MPa}$。不同弹性模量的局部损伤变量最大值随着拉伸应力的变化规律见图 6-10(b)。由此可见，降低弹性模量，则局部损伤变量最大值-拉伸应力曲线变得平直。

6.3.4　局部损伤变量率最大值的参数研究

为了计算方便，在应变软化阶段，第 6.3.4 节及第 6.3.5 节中拉伸应力卸载率均取为 -1Pa/s。

1. 拉伸弹塑性模量的影响

参数取值同图 6-10(a)。不同 λ 的损伤变量率最大值随着拉伸应力的变化规律见图 6-11(a)。由此可见，随着拉伸应力的降低，局部损伤变量率最大值持续降低。当拉伸应力较大(接近抗拉强度)时，增加 λ，则局部损伤变量最大值降低；当拉伸应力较小(接近零)时，增加 λ，则局部损伤变量率最大值增加；λ 越大，则局部损伤变量率最大值-拉伸应力曲线越平直。

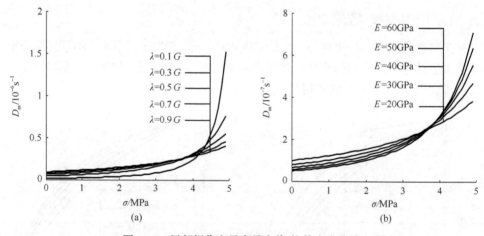

图 6-11　局部损伤变量率最大值-拉伸应力曲线

2. 弹性模量的影响

参数取值同图 6-10(b)。不同弹性模量的局部损伤变量率最大值随着拉伸应力的变化规律见图 6-11(b)。由此可见，当拉伸应力较大时，降低弹性模量，则局部损伤变量率最大值降低；当拉伸应力较小时，增加弹性模量，则局部损伤变量率最大值增加；弹性模量越小，则局部损伤变量率最大值-拉伸应力曲线越平直。

内部长度对局部损伤变量率最大值无影响。

6.3.5　局部损伤变量率分布

1. 当拉伸应力较大时

参数取值同图 6-10(a)。当拉伸应力为 4.5MPa 时，不同 λ 的局部损伤变量率分布见图 6-12(a)。由此可见，在损伤局部化带中部，局部损伤变量率具有最大值；在损伤局部化带边缘，局部损伤变量率为零。随着 λ 的增加，局部损伤变量率最大值降低。

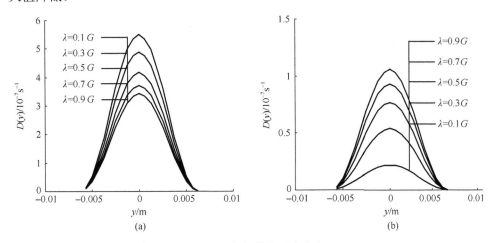

图 6-12　局部损伤变量率分布

2. 当拉伸应力较大时

参数取值同图 6-10(b)。当应力为 0.5MPa 时，不同 λ 的局部损伤变量率分布见图 6-12(b)。由此可见，随着 λ 的增加，局部损伤变量率最大值增加。

限于篇幅，当拉伸应力较大及较小时，弹性模量及内部长度对局部损伤变量率分布的影响不再给出。可以得出：

(1) 当拉伸应力较大时，随着弹性模量的增加，局部损伤变量率最大值增加。

(2) 当拉伸应力较小时，随着弹性模量的增加，局部损伤变量率最大值降低。

(3) 内部长度的降低使局部损伤变量率分布变陡峭。

6.4　本 章 小 结

对 de Borsth 和 Mühlhaus(1992)在梯度塑性理论解析方面的开创性工作进行

了回顾和评论。在单轴拉伸条件下，基于梯度塑性理论的拉伸应变局部化带的塑性拉伸应变分布的解析解及内部长度对试样应力-位移曲线的影响能与基于梯度塑性理论的数值解吻合，这说明了目前理论分析的正确性。

拉伸应变局部化带的塑性拉伸应变分布仅与材料的本构参数有关。然而，单轴拉伸条件下试样应力-应变曲线软化段受材料的本构关系及试样的结构尺寸的共同影响。增加试样高度，或降低弹性模量，或增加软化模量，则试样应力-应变曲线软化段变陡峭，甚至发生快速回跳。

推导出的单轴拉伸条件下试样应力-位移曲线的理论表达式所需参数少，参数的力学意义清晰、明确。例如，用内部长度描述材料质地的非均匀性，用软化模量描述材料的脆性等。试样应力-应变曲线的表达式对 I 类变形行为及 II 类变形行为(快速回跳)都有效。

基于非局部理论，将损伤变量作为非局部变量。非局部损伤变量与局部损伤变量及其二阶梯度有关。得到了应变软化阶段的局部损伤变量、局部损伤变量率及损伤局部化带宽度的解析式。此外，在应变软化阶段，拉伸应力、拉伸应变及非局部损伤变量之间的关系与经典损伤模型的定义方式不同，讨论了这种定义方式的优越性。

第7章 单轴压缩剪切破坏试样应力-应变曲线分析

采用位移法及能量守恒原理，推导了单轴压缩剪切破坏条件下准脆性材料试样应力-应变曲线的解析式。该解析式能反映应力-应变曲线软化段的尺寸效应规律，得到了前人普通混凝土实验结果的定量验证，研究了各种本构参数对应力-应变曲线的影响。推导了试样的速度与应力率之间的关系，得到了试样发生 II 类变形行为的条件。对材料的本构关系及试样的结构响应之间的区别和联系进行了讨论。通过类比，得到了单轴拉伸、直接剪切及单轴压缩剪切破坏条件下试样统一应力-应变曲线的解析式。建立了剪切带的局部损伤变量与单轴压缩试样全局损伤变量之间的联系。

7.1 基于位移法及能量守恒原理的应力-应变曲线的解析式

7.1.1 力学模型及基本假设

单轴压缩剪切破坏试样的力学模型及剪切应变软化的本构关系见图 7-1。假设两端受压缩应力作用的试样，当某一斜截面上的剪切应力超过抗剪强度时，在试样内产生与压缩应力 σ 之间的夹角为 α（剪切带倾角）、宽度为 w 的稳定的平直剪切带，试样的高度为 L。假设剪切带内材料发生剪切破坏；剪切带外为弹性体。剪切滑动受控于与剪切带方向平行的剪切应力 τ，其他应力分量对剪切带的塑性剪切位移的影响可忽略不计。假设剪切带边缘受到弹性体的作用力为均匀分布。

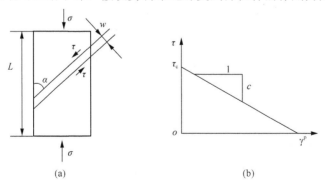

(a)   (b)

图 7-1 单轴压缩剪切破坏试样的力学模型及应变软化的本构关系

根据平衡条件，在剪切应变局部化启动之前的线弹性阶段，斜截面上的剪切应力 τ 可以表示为

$$\tau = 0.5\sigma \sin 2\alpha \qquad (7\text{-}1)$$

当剪切应变局部化刚启动时，可以认为是特殊的弹性阶段(弹性阶段之末)，因此，有

$$\tau_{\mathrm{c}} = 0.5\sigma_{\mathrm{c}} \sin 2\alpha \qquad (7\text{-}2)$$

式中，σ_{c} 为单轴抗压强度。

7.1.2　基于位移法的应力-应变曲线软化段的斜率的解析式

假定试样轴向的总压缩位移由试样整体的压缩位移(均匀部分)及剪切滑动引起的轴向位移(不均匀部分)两部分构成。均匀的压缩应变 ε^{e} 为

$$\varepsilon^{\mathrm{e}} = \frac{\sigma}{E} \qquad (7\text{-}3)$$

式中，E 为压缩弹性模量。

轴向的塑性压缩应变设为 ε^{p}，ε^{p} 根源于剪切带的剪切滑动。ε^{p} 可以表示为

$$\varepsilon^{\mathrm{p}} = \frac{w\gamma^{\mathrm{p}}\cos\alpha}{L} \qquad (7\text{-}4)$$

将式(2-1)代入式(7-4)，可得

$$\varepsilon^{\mathrm{p}} = \frac{\tau_{\mathrm{c}} - \tau}{c} \cdot \frac{w\cos\alpha}{L} \qquad (7\text{-}5)$$

考虑到 σ_{c} 与 τ_{c} 之间的关系及 σ_{c} 与 τ 之间的关系，可得

$$\varepsilon^{\mathrm{p}} = \frac{\sigma_{\mathrm{c}} - \sigma}{c} \cdot \frac{w\sin\alpha\cos^{2}\alpha}{L} \qquad (7\text{-}6)$$

试样轴向的总压缩应变 ε 为

$$\varepsilon = \varepsilon^{\mathrm{e}} + \varepsilon^{\mathrm{p}} \qquad (7\text{-}7)$$

因此，根据式(7-3)、式(7-6)及式(7-7)，可得应力-应变曲线的解析式为

$$\sigma = \left(\frac{1}{E} - \frac{w\sin\alpha\cos^2\alpha}{cL} \right)^{-1} \varepsilon + \left(\frac{1}{E} - \frac{w\sin\alpha\cos^2\alpha}{cL} \right)^{-1} \cdot \frac{\sigma_c \, w\sin\alpha\cos^2\alpha}{cL} \quad (7\text{-}8)$$

由式(7-8)可得应力-应变曲线软化段的斜率的解析式：

$$\frac{\mathrm{d}\sigma}{\mathrm{d}\varepsilon} = \left(\frac{1}{E} - \frac{w\sin\alpha\cos^2\alpha}{cL} \right)^{-1} \quad (7\text{-}9)$$

7.1.3　基于能量守恒法的应力-应变曲线软化段的斜率的解析式

剪切带消耗的能量可以表示为

$$V = \frac{A_0 w}{\sin\alpha} \int \tau \mathrm{d}\gamma^{\mathrm{p}} = \frac{A_0 w}{2\sin\alpha} \left(\frac{1}{G} + \frac{1}{\lambda} \right) \cdot \left(\tau_c^2 - \tau^2 \right) \quad (7\text{-}10)$$

式中，A_0 为试样的横截面面积，G 为剪切弹性模量。

根据能量守恒原理，试样的弹性应变能及塑性耗散能之和等于外力对试样所做的功。在峰后变形阶段，试样应力-应变曲线所围的面积等于两部分应变能密度（单位体积的应变能）之和。弹性应变能是可恢复的，然而，塑性耗散能消耗于剪切带的塑性剪切变形过程中。因此，可以认为，剪切带消耗的能量 V 等于外力所做的塑性功 W。

试样应力-应变曲线可简化为双线性形式，见图 7-2。在应变软化阶段，假设试样应力-应变曲线呈现 I 类变形行为，即峰后曲线的斜率为负，λ' 为斜率的绝对值。

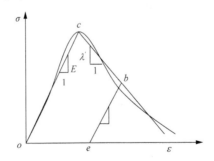

图 7-2　单轴压缩试样应力-应变曲线的简化

在峰后变形阶段，假设试样按弹性模量 E 卸载。见图 7-2，四边形 ocbe 的面积为单位体积的耗散能。外力所做的塑性功 W 可以表示为

$$W = A_0 L \int \sigma \mathrm{d}\varepsilon^{\mathrm{p}} \quad (7\text{-}11)$$

式中，ε^{p} 为轴向塑性应变。ε^{p} 可以表示为

$$\varepsilon^{\mathrm{p}} = \varepsilon - \frac{\sigma}{E} \tag{7-12}$$

$$\sigma = \sigma_{\mathrm{c}} - \varepsilon^{\mathrm{p}} \frac{E\lambda'}{E + \lambda'} \tag{7-13}$$

根据能量守恒原理，有

$$W = V \tag{7-14}$$

$$\frac{1}{G} + \frac{1}{\lambda} = \left(\frac{1}{E} + \frac{1}{\lambda'}\right) \cdot \frac{L}{w\sin\alpha\cos^2\alpha} \tag{7-15}$$

由式(7-15)可得与式(7-9)相同的表达式。

本节仅分析了试样应力-应变曲线软化段呈现 I 类变形行为的情形，对于 II 类变形行为的情形，分析是类似的，也可得到与式(7-9)相同的表达式。

7.2　应力-应变曲线软化段的尺寸效应及参数研究

7.2.1　尺寸效应的实验验证

为验证式(7-9)的正确性，将本书提出的应力-应变曲线的解析解与 Jansen 和 Shah(1997)的普通混凝土试样的实验结果进行了对比，见图 7-3。参数取值如下：弹性模量 $E = 39\mathrm{GPa}$、剪切软化模量 $c = 8.76\mathrm{GPa}$、单轴抗压强度 $\sigma_{\mathrm{c}} = 90\mathrm{MPa}$、剪切带倾角 $\alpha = 30°$ 及内部长度 $l = 0.059\mathrm{m}$。

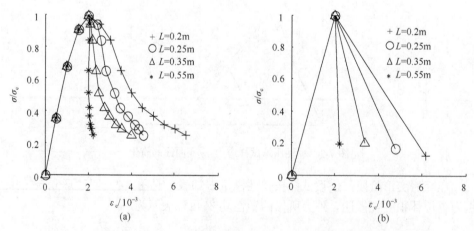

图 7-3　单轴压缩普通混凝土试样应力-应变曲线的实验结果与理论结果的对比

由图 7-3 可见，随着试样高度的增加，应力-应变曲线软化段的斜率的绝对值增加。可以预测，当试样非常高时，会出现快速回跳现象。不同高度混凝土试样应力-应变曲线的理论结果与实验结果吻合较好。

7.2.2 应力-应变曲线的参数研究

图 7-4 所示为剪切带宽度对应力-应变曲线的影响。参数取值如下：$c = 0.95\text{GPa}$、$\sigma_c = 90\text{MPa}$、$\alpha = 30°$、$E = 39\text{GPa}$ 及 $L = 0.1\text{m}$。可以发现，剪切带宽度的增加使峰后行为脆性降低。剪切带宽度与内部长度成正比，见式(2-12)。因此，具有精细微小结构的试样更易呈现 II 变形类行为。

图 7-5 所示为剪切软化模量对应力-应变曲线的影响。参数取值如下：$w = 0.0063\text{m}$、$\sigma_c = 90\text{MPa}$、$\alpha = 30°$、$E = 39\text{GPa}$ 及 $L = 0.1\text{m}$。可以发现，高的剪切软化模量可以导致试样快速回跳。高的剪切软化模量意味着材料的脆性较强。因此，越脆的材料试样越易呈现 II 类变形行为的结果是合理的。

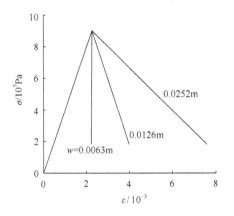

图 7-4 剪切带宽度对应力-应变曲线的影响

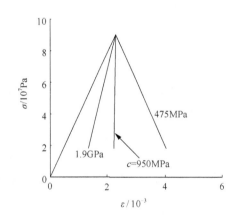

图 7-5 剪切软化模量对应力-应变曲线的影响

图 7-6 所示为剪切弹性模量对应力-应变曲线的影响。参数取值如下：$w = 0.0063\text{m}$、$\sigma_c = 90\text{MPa}$、$c = 475\text{MPa}$、$\alpha = 30°$ 及 $L = 0.1\text{m}$。可以发现，弹性模量影响应力-应变曲线峰前的上升段及峰后的软化段。低的弹性模量使软化段变得陡峭，甚至出现快速回跳现象。

图 7-7 所示为剪切带倾角对应力-应变曲线的影响。参数取值如下：$w = 0.0063\text{m}$、$\sigma_c = 90\text{MPa}$、$c = 475\text{MPa}$、$E = 39\text{GPa}$ 及 $L = 0.1\text{m}$。可以发现，高的剪切带倾角(对应于韧性剪切破坏)使峰后行为脆性降低。然而，剪切带倾角对应力-应变曲线的影响是十分有限的。

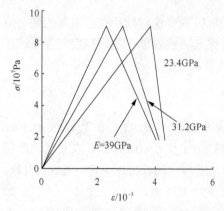 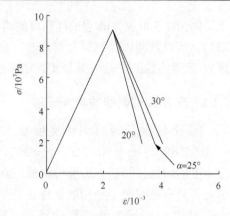

图 7-6　剪切弹性模量对应力-应变曲线的影响　　图 7-7　剪切带倾角对应力-应变曲线的影响

7.2.3　单轴压缩剪切破坏试样的力学模型的特点

第一，考虑了启动于抗剪强度的剪切应变局部化现象。在剪切应变局部化开始以后，材料的本构关系是应变软化的，这反映了剪切应变局部化开始以后试样承载能力通常降低的客观实际。

第二，剪切应变局部化带具有一定宽度，其仅与材料的内部长度有关。剪切应变局部化带内塑性剪切应变分布是不均匀的，见式(2-13)，这至少在定性上能与有关的实验结果相符。

第三，剪切应变局部化带是倾斜的。这与大量实验结果是一致的。

第四，所需参数较少，有关参数的力学意义清晰。例如，用内部长度描述材料非均质性，用软化模量描述材料的脆性，用弹性模量描述材料的弹性。解析式中包含试样的高度，能正确预测试样高度的尺寸效应问题。

此外，目前的解析式不包含经验常数，优于过去的经验公式(王学滨等，2001b；Pan et al.，2002)。

7.3　单轴压缩剪切破坏试样的轴向速度及讨论

7.3.1　轴向速度

试样两端的相对轴向速度 $\dot{s}$ 等于将试样视为一个整体的压缩速度 $\dot{s}_c$ 和剪切带滑动引起的轴向速度 $\dot{s}_s$ 之和。

根据线弹性胡克定律，$\dot{s}_c$ 可以表示为

$$\dot{s}_c = \frac{\dot{\sigma}}{E} L \tag{7-16}$$

剪切带滑动引起的轴向速度 $\dot{s}_s$ 为

$$\dot{s}_s = -\frac{1}{c}w\dot{\tau}\cos\alpha \tag{7-17}$$

根据式 (7-17) 及 $\dot{\tau} = 0.5\,\dot{\sigma}\sin(2\alpha)$，$\dot{s}_s$ 可以表示为

$$\dot{S}_s = -\frac{w\cos^2\alpha\sin\alpha}{c}\dot{\sigma} \tag{7-18}$$

弹性模量与剪切弹性模量有以下关系：

$$E = 2G(1+v) \tag{7-19}$$

因此，试样两端的相对轴向速度 $\dot{s}_s$ 为

$$\dot{s} = \dot{s}_c + \dot{s}_s = \left(\frac{L}{2G(1+v)} - \frac{w\cos^2\alpha\sin\alpha}{c}\right)\dot{\sigma} \tag{7-20}$$

式中，v 为泊松比。

在应变软化阶段，有

$$\dot{\sigma} < 0 \tag{7-21}$$

设

$$K = \frac{L}{2G(1+v)} - \frac{w\cos^2\alpha\sin\alpha}{c} \tag{7-22}$$

因此，当 $K > 0$ 时，轴向速度 $\dot{s}$ 与 $\dot{\sigma}$ 同号，均为负。$\dot{s}$ 为负表明试样发生快速回跳，即发生 II 类变形行为。当 $K < 0$ 时，轴向速度 $\dot{s}$ 与 $\dot{\sigma}$ 异号。$\dot{s}$ 为正。表明试样发生 I 类变形行为。

为研究试样高度及泊松比对轴向速度的影响，参数取值如下：$l = 0.002$ m、$G = 2$ GPa、$\lambda = 0.2$ GPa 及 $\alpha = 30°$。计算结果见图 7-8。可以发现，试样越高，则试样越容易发生快速回跳；泊松比越小，则试样越容易发生快速回跳。

为研究剪切弹塑性模量及内部长度对试样轴向速度的影响，参数取值如下：$L = 0.15$ m、$G = 2$ GPa、$v = 0.25$ 及 $\alpha = 30°$。计算结果见图 7-9。可以发现，内部长度越小，则试样越容易发生快速回跳；材料越脆，则试样越容易发生快速回跳。

为了研究剪切带倾角及剪切带宽度对轴向速度的影响，参数取值如下：$\lambda = 0.2$ GPa、$L = 0.15$ m、$G = 2$ GPa 及 $v = 0.25$。计算结果见图 7-10。可以发现，剪切带倾角越小，则试样越容易发生快速回跳；剪切带宽度越大，则试样越

不容易发生快速回跳。

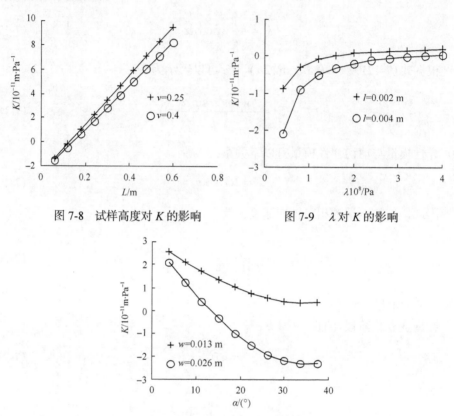

图 7-8　试样高度对 K 的影响　　　　　图 7-9　λ 对 K 的影响

图 7-10　剪切带倾角对 K 的影响

由于 $w = 2\pi l$，当 l/L 较小时，式(7-22)容易满足。因此，当内部长度远小于试样的结构尺寸时，试样容易发生快速回跳。

当 G/λ 较小时，$K > 0$ 容易满足。因此，当剪切弹性模量远小于剪切弹塑性模量时，试样容易发生快速回跳。

7.3.2　对目前模型的进一步讨论

1. 本构关系与结构响应

本构关系(本质)与结构响应(表象)虽然相关，但不相同。在本书中，软化模量 c 为应变软化阶段的本构参数，λ 与剪切弹性模量 G 及 c 有关，也是本构参数。但是，剪切弹塑性模量 λ 是综合反映弹性及塑性的本构参数。

大量实验结果表明，在应变软化阶段，单轴压缩试样发生局部化破坏，这样，通过测量得到的试样应力-应变曲线软化段的斜率 $(d\sigma/d\varepsilon)$ 并非本书中的 λ。为了表述方便，可以将峰后 $d\sigma / d\varepsilon$ 的绝对值称为实测软化模量 λ_1。众多实验结果均表明，λ_1 依赖于试样的几何尺寸等参数。换言之，对于相同的材料及受力条件，λ 应是相同的，而不同尺寸试样的 λ_1 一般不相同。

2. 真实试样与理想化模型

应当承认，纵然在单轴压缩条件下，试样的变形及破坏也非常复杂。试样承载能力的降低，根源于"剪切滑移"（尤明庆和华安增，1998）。而且，轴向的劈裂不能引起轴向位移的改变。Bažant 等.(1996)还认为劈裂不能改变宏观应力状态。

目前的单轴压缩剪切破坏试样的力学模型是一个理想化模型，实际的剪切破坏试样通常总能等效或简化成这样的理想模型。多条倾斜的剪切带相当于增加了剪切带宽度，若某条倾斜的剪切带未贯穿试样的两个侧面，则相当于降低了剪切带宽度。

将单轴压缩试样的破坏模式简化为滑移线或滑动面是岩土力学界一直沿用的研究方法。本书将其推广为具有一定宽度的剪切带，带内具有不均匀的塑性剪切应变分布，并进行了严格的理论分析。目前的模型显然比视试样的变形、破坏为"黑箱"（不管试样的具体破坏模式，在分析中至多采用应变软化的本构关系）的处理方式好，既描述了应变软化的原因或实质，也反映了材料的非均质性。

应当指出，为了方便起见，目前的理论分析忽略了剪切带的法向应力对的影响。

7.4　拉伸、剪切及单轴压缩剪切破坏试样的统一应力-应变曲线

单轴拉伸试样拉伸应力-拉伸应变曲线的解析式由式(6-27)描述：

$$\sigma = \left(\frac{1}{E} - \frac{w}{Lc}\right)^{-1}\varepsilon - \left(\frac{1}{E} - \frac{w}{Lc}\right)^{-1}\varepsilon_t + \sigma_t \tag{7-23}$$

为了类比方便，式(7-23)可以写成

$$\sigma^t = \left(\frac{1}{E_t} - \frac{w_t}{c_t L_t}\right)^{-1}\varepsilon_t - \left(\frac{1}{E_t} - \frac{w_t}{c_t L_t}\right)^{-1} \cdot \frac{\sigma_c^t w_t}{c_t L_t} \tag{7-24}$$

式中，上、下标 t 代表拉伸；E_t 为拉伸弹性模量；w_t 为拉伸应变局部化带宽度；c_t 为拉伸软化模量；L_t 为试样长度或高度；σ_c^t 为抗拉强度。

类似地，直接剪切，试样剪切应力-剪切应变曲线的解析式可以表示为

$$\sigma^{\mathrm{t}} = \left(\frac{1}{E_{\mathrm{t}}} - \frac{w_{\mathrm{t}}}{c_{\mathrm{s}} L_{\mathrm{s}}} \right)^{-1} \varepsilon_{\mathrm{s}} - \left(\frac{1}{E_{\mathrm{s}}} - \frac{w_{\mathrm{s}}}{c_{\mathrm{s}} L_{\mathrm{s}}} \right)^{-1} \cdot \frac{\sigma_{\mathrm{c}}^{\mathrm{s}} w_{\mathrm{s}}}{c_{\mathrm{s}} L_{\mathrm{s}}} \tag{7-25}$$

式中，上、下标 s 代表剪切；E_{s} 为剪切弹性模量；w_{s} 为剪切应变局部化带宽度；c_{s} 为剪切软化模量；L_{s} 为试样与剪切应力垂直方向的长度或高度；$\sigma_{\mathrm{c}}^{\mathrm{s}}$ 为抗剪强度。

类似地，式(7-8)可以写成

$$\sigma^{\mathrm{c}} = \left(\frac{1}{E_{\mathrm{c}}} - \frac{w_{\mathrm{s}}}{c_{\mathrm{s}} L_{\mathrm{c}}} \right)^{-1} \varepsilon_{\mathrm{c}} - \left(\frac{1}{E_{\mathrm{c}}} - \frac{w_{\mathrm{s}}}{c_{\mathrm{s}} L_{\mathrm{c}}} \right)^{-1} \cdot \frac{\sigma_{\mathrm{c}}^{\mathrm{c}} w_{\mathrm{s}}}{c_{\mathrm{s}} L_{\mathrm{c}}} \tag{7-26}$$

在式(7-26)中，已令

$$\frac{\sin \alpha \cos^2 \alpha}{L} = \frac{1}{L_{\mathrm{c}}} \tag{7-27}$$

式中，上、下标 c 代表压缩；E_{c} 为压缩弹性模量；L_{c} 为试样长度或高度；$\sigma_{\mathrm{c}}^{\mathrm{c}}$ 为抗压强度；w_{s} 及 c_{s} 分别仍为剪切应变局部化带的宽度和剪切软化模量，这是由于认为单轴压缩条件下试样发生局部剪切破坏。

对式(7-24)、式(7-25)及式(7-26)进行类比，可以得到单轴拉伸、直接剪切及单轴压缩剪切破坏条件下试样应力-应变曲线的统一形式：

$$\sigma^{i} = \left(\frac{1}{E_{i}} - \frac{w_{j}}{c_{j} L_{i}} \right)^{-1} \varepsilon_{i} - \left(\frac{1}{E_{i}} - \frac{w_{j}}{c_{j} L_{i}} \right)^{-1} \cdot \frac{\sigma_{\mathrm{c}}^{i} w_{j}}{c_{j} L_{i}} \tag{7-28}$$

当 $i = j = t$ 时，式(7-28)表示单轴拉伸试样应力-应变曲线；当 $i = j = s$ 时，表示直接剪切试样应力-应变曲线；当 $i = c$，$j = s$ 时，表示单轴压缩剪切破坏条件下试样应力-应变曲线。

由式(7-28)可以得到单轴拉伸、直接剪切及单轴压缩剪切破坏试样应力-应变曲线软化段的斜率的统一解析式：

$$\frac{\mathrm{d} \sigma^{i}}{\mathrm{d} \varepsilon_{i}} = \left(\frac{1}{E_{i}} - \frac{w_{j}}{c_{j} L_{i}} \right)^{-1} \tag{7-29}$$

7.5　剪切带的局部损伤及单轴压缩试样的全局损伤之间的关系

式(6-43)及式(6-44)建立了拉伸应变局部化带的局部损伤变量的表达式。类似地，可以建立剪切带的局部损伤变量 $D(y)$ 的表达式：

$$D(y) = \frac{1}{2}\left\{1 - \left[\frac{\tau_c}{\tau}\left(\frac{G}{\lambda} + 1\right) - \frac{G}{\lambda}\right]^{-1}\right\}\left(1 + \cos\frac{y}{l}\right) \tag{7-30}$$

根据式(7-1)及式(7-2)，有

$$\frac{\tau_c}{\tau} = \frac{\sigma_c}{\sigma} \tag{7-31}$$

考虑到 c、G 与 λ 之间的关系，式(7-30)可以表示为

$$D(y) = \frac{1}{2}\left\{1 - \left[1 + \frac{G}{c}\left(\frac{\sigma_c}{\sigma} - 1\right)\right]^{-1}\right\} \cdot \left(1 + \cos\frac{y}{l}\right) = \bar{D}\left(1 + \cos\frac{y}{l}\right) \tag{7-32}$$

在单轴压缩条件下，根据测量得到的试样应力-应变曲线，可以定义全局损伤变量 D'：

$$D' = 1 - \frac{\sigma}{\sigma_c} \tag{7-33}$$

当剪切应变局部化刚启动时，$\tau_c = \tau$ 且 $\sigma_c = \sigma$。因此，$D' = 0$。若 σ 降低至零（$\tau = 0$），则 $D' = 1$。

根据式(7-33)，σ_c 与 σ 之比为

$$\frac{\sigma_c}{\sigma} = \frac{1}{1 - D'} \tag{7-34}$$

由式(7-32)及式(7-34)，可以建立剪切带的局部损伤变量 $D(y)$ 与单轴压缩试样的全局损伤变量 D' 之间的关系：

$$D(y) = \frac{1}{2}\left\{1 - \left[1 + \frac{G}{c}\left(\frac{1}{1 - D'} - 1\right)\right]^{-1}\right\} \cdot \left(1 + \cos\frac{y}{l}\right) = \bar{D}\left(1 + \cos\frac{y}{l}\right) \tag{7-35}$$

采用式(7-35)，可以通过 D' 估算出 $D(y)$，反之亦然。

图 7-11 所示为不同 D' 时剪切带的 $D(y)$ 的分布规律。可以发现，局部损伤变量在剪切带的中心达到最大值。然而，在剪切带的两边界，局部损伤变量降低至最小值。局部损伤变量分布随着全局损伤变量的增加变得陡峭。

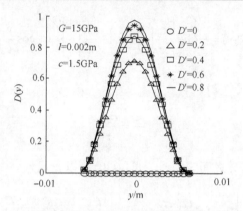

图 7-11　不同全局损伤变量时剪切带的局部损伤变量分布

7.6　本章小结

采用两种方法，推导了单轴压缩剪切破坏试样应力-应变曲线的解析式。第 1 种方法称为"压缩位移法"，其核心思想是将试样轴向的总压缩位移分解为两部分：试样的均匀弹性应变引起的弹性位移及剪切带引起的塑性位移。第 2 种方法称为"能量守恒法"，其核心思想是将外力功划分为弹性功与塑性功。外力对试样所做的塑性功等于剪切带消耗的能量。两种方法得到了相同形式的应力-应变曲线的解析式，该解析式能反映应力-应变曲线软化段的尺寸效应规律，得到了前人普通混凝土实验结果的定量验证。

降低弹性模量使应力-应变曲线软化段变陡峭，甚至出现快速回跳现象；增加剪切带宽度使峰后行为韧性增强；增加剪切软化模量可以导致快速回跳；增加剪切带倾角（对应韧性剪切破坏）使峰后行为韧性增强。剪切带倾角对应力-应变曲线的影响十分有限。

目前的单轴压缩剪切破坏试样的力学模型的优越性在于：考虑了启动于抗剪强度的剪切应变局部化现象及之后的应变软化；应变局部化带具有一定宽度，其仅与材料的内部长度有关；在剪切应变局部化带内部，塑性剪切应变分布是不均匀的；剪切应变局部化带是倾斜的，这与有关的实验结果是一致的；所需参数较少，有关参数的物理、力学意义清晰。分析了单轴压缩剪切破坏试样的轴向速度。峰后轴向速度由弹性及塑性两部分构成。前一部分由胡克定律描述；后一部分与剪切带滑动有关。对弹性及塑性速度求和，得到了轴向速度的解析式。试样高度越大，或内部长度越小，或剪切弹塑性模量越大，或泊松比越小，则试样越容易发生Ⅱ类变形行为。

对于相同的材料及其受力条件，软化模量应相同，而不同尺寸试样的实测软化模量一般不相同。实际的剪切破坏试样通常总能简化成目前的理想化模型。目前的单轴压缩剪切破坏的试样力学模型考虑了应变软化的原因，即局部化破坏，优于过去的"黑箱"模型。

可以将单轴拉伸、直接剪切及单轴压缩剪切破坏试样应力-应变曲线的解析式表示成一个统一形式，这有助于对不同受力条件下试样变形、破坏及稳定性共性的理解。

通过与单轴拉伸试样损伤局部化带的局部损伤变量的解析式的类比，建立了剪切带的局部损伤变量的解析式，局部损伤变量与内部长度、剪切弹性模量、剪切软化模量、抗剪强度、剪切应力及坐标有关。在单轴压缩条件下，可根据测量得到的应力-应变曲线，定义全局损伤变量，该全局损伤变量仅依赖于抗压强度及压缩应力。通过建立抗压强度、抗剪强度及压缩应力与剪切应力之间的关系，建立了剪切带的局部损伤变量与试样的全局损伤变量之间的关系。可以通过剪切带的局部损伤变量估算试样的全局损伤变量，反之亦然。

第8章　单轴压缩剪切破坏试样的稳定性分析

　　得到了单轴压缩条件下剪切带之外弹性体的剪切刚度。根据刚度比理论，得到了试样失稳判据的解析式，研究了各种参数对试样稳定性的影响。建立了剪切带之外弹性体对剪切带所做的功、剪切带的弹性势能及塑性耗散能的表达式。利用最小势能原理，得到了系统的平衡条件，利用系统势能对剪切带剪切位移的二阶导数小于零的非稳定平衡条件，提出了系统失稳判据的解析式，对该失稳判据的优越性进行了讨论。通过类比，得到了单轴拉伸、直接剪切及单轴压缩剪切破坏条件下试样统一失稳判据的解析式。当试样端部受到剪切应力及压缩应力联合作用时，利用刚度比理论提出了系统失稳判据的解析式。

8.1　基于刚度比理论的单轴压缩试样剪切破坏的稳定性

8.1.1　单轴压缩条件下剪切带之外弹性体的剪切刚度

　　假设两端受压缩应力作用的试样当某一倾斜截面上的剪切应力超过抗剪强度时出现剪切应变局部化，即产生与压缩应力 σ 之间的夹角为 α、宽度为 w 的稳定的平直剪切带，试样高度为 L，见图 7-1(a)。假设剪切带内材料发生剪切破坏，剪切带外为弹性体。剪切滑动受控于与剪切带方向平行的剪切应力 τ。假设剪切带边缘受到的弹性体的作用力为均匀分布。

　　将剪切带比拟为"试样"，将弹性体则被比拟为"试验机"。"试验机"受到的剪切应力 τ 与"试验机"沿剪切带的剪切位移 d 之间的关系为

$$\tau = kd \tag{8-1}$$

式中，k 为比例系数。

　　设"试验机"沿 σ 方向的压缩位移为 δ，则有

$$\delta = d\cos\alpha \tag{8-2}$$

压缩位移 δ 可以根据胡克定律近似表达为

$$\delta = \frac{\sigma L}{E} \tag{8-3}$$

式中，E 为弹性模量，根据式(8-1)及式(8-3)和 $\tau = 0.5\sigma\sin 2\alpha$，可以得到

$$k = \frac{E}{L} \sin \alpha \cos^2 \alpha \qquad (8\text{-}4)$$

李宏等(1999)将 k 这一参数称为弹性特征线，其形式与式(8-4)是一致的。根据式(8-1)及式(8-4)，可得

$$\tau = \frac{Ed}{L} \sin \alpha \cos^2 \alpha \qquad (8\text{-}5)$$

8.1.2　基于刚度比理论的剪切带-弹性体的失稳判据

在剪切应变局部化启动之后，若由式(8-5)确定的"试验机"沿剪切带的剪切位移 d 总是大于"试样"的剪切位移，见式(3-3)，则试样的剪切破坏是不稳定的，即将发生剪切失稳破坏。失稳判据为

$$\frac{\lambda}{w} > \frac{E}{L} \sin \alpha \cos^2 \alpha \qquad (8\text{-}6)$$

应当指出，式(8-3)是近似表达式。由于剪切带具有一定宽度，因此，"试验机"的实际压缩位移 δ 应该小于式(8-3)。也就是说，式(8-3)夸大了"试验机"的位移，即降低了"试验机"的刚度，原本不发生失稳的试样会被判为发生失稳。因此，若有关参数满足式(8-6)，则试样必定发生失稳。若有关参数不满足式(8-6)，但不等式右端比左端大不了许多时，试样可能发生失稳。剪切带-弹性体系统的 3 种情形的示意图见图 8-1，虚线表示"试验机"的弹性特征线，实线表示剪切带剪切应力-相对剪切位移关系。对于实线 3 的情形，试样必定发生失稳。对于实线 2 的情形，试样可能发生失稳。对于实线 1 的情形，试样不可能发生失稳。

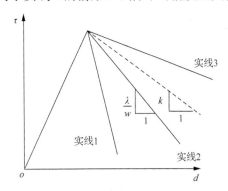

图 8-1　剪切带-弹性体系统不失稳、可能失稳及必失稳的 3 种情形

由于

$$c = \frac{G\lambda}{G+\lambda} = \frac{\lambda}{1+\lambda/G} < \lambda \tag{8-7}$$

因此，若

$$cL > Ew\sin\alpha\cos^2\alpha \tag{8-8}$$

则式(8-6)必成立。式(8-8)即为 II 类变形行为的条件，其详细推导过程见第 7.3 节。

因此，若试样发生 II 类行为，则试样必定发生剪切失稳。

若将试样比拟为矿柱，则式(8-6)为矿柱岩爆的条件。

8.1.3　试样稳定性的参数研究

由式(8-6)可以发现，试样的高度越大，该式越容易满足，则系统越容易发生失稳。

实验结果(王锺琦等，1986)、数值模拟结果(王学滨等，2001c)及理论结果(王学滨和潘一山，2002)都表明，随着试样高度的增加，剪切带倾角增加，即 α 减小。实验结果还表明(Vardoulakis，1980；Ord et al.，1991；过镇海，1999)，单轴压缩条件下岩石等准脆性材料试样的剪切带倾角的大致范围为 $55^\circ \sim 80^\circ$，故 α 的范围大致为 $10^\circ \sim 35^\circ$，在这一范围内，式(8-6)中 $\sin\alpha\cos^2\alpha$ 是单调递增的。因此，当试样较高时，剪切带倾角较大，$\sin\alpha\cos^2\alpha$ 较小，式(8-6)容易满足，试样容易发生失稳。

材料越脆，剪切弹塑性模量越大，式(8-6)越容易满足，则试样越容易发生失稳。

当材料相对比较均匀时，内部长度较小，或剪切带宽度较小，强烈的剪切变形集中于非常狭窄的剪切带内部，式(8-6)容易满足，试样容易发生失稳。

弹性模量和剪切弹塑性模量之比越小，式(8-6)越容易满足，则试样越容易发生失稳。

8.2　基于能量原理的单轴压缩试样剪切破坏的稳定性

8.2.1　外力功

利用最小势能原理及狄里希锐原理，可得到结构的失稳理论(能量原理)：系统势能的一阶变分等于零时对应于平衡条件；而二阶变分小于零时对应于失稳条件。

单轴压缩试样剪切破坏的力学模型见图 8-2(a)。u_0 为试样的轴向总压缩位移，u 为剪切带的剪切位移，u' 为由剪切带的剪切位移引起的试样的轴向压缩位

移，见图 8-2(b)。显然，u' 与 u 之间的关系为

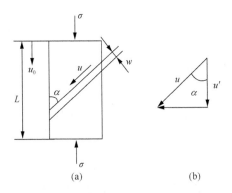

图 8-2　试样及有关的几何关系

$$u' = u\cos\alpha \tag{8-9}$$

外力功是指剪切带之外弹性体对剪切带所做的功。设试样端面上受到的压力为 P，试样的横截面面积为 A，剪切带之外弹性体的弹性模量为 E。因此，可以得到剪切带之外弹性体的压缩刚度 K 为

$$K = \frac{EA}{L'} \tag{8-10}$$

式中，L' 为剪切带之外弹性体的高度。L' 与试样高度 L 之间的关系为

$$L' = L - \frac{w}{\sin\alpha} \tag{8-11}$$

根据胡克定律，压力 P、刚度 K、总位移 u_0 及由剪切带的剪切位移引起的试样的轴向压缩位移 u' 之间的关系可以表示为

$$P = A\sigma = K(u_0 - u') \tag{8-12}$$

设外力功为 W，则有

$$W = \int_0^{u'} p\,\mathrm{d}u' = \int_0^{u'} K(u_0 - u')\mathrm{d}u' = \frac{Ku'^2}{2} = Ku_0 u\cos\alpha - \frac{Ku'^2\cos^2\alpha}{2} \tag{8-13}$$

剪切带之外弹性体对剪切带所做的功(外力功)，见式(8-13)，不仅与弹性体的刚度及位移有关，还与剪切带倾角有关。剪切带倾角是剪切带-弹性体系统结构形式的反映。因此，外力功受弹性体的尺寸(高度及横截面面积)、弹性阶段的本构参数(弹性模量)及结构形式(剪切带倾角)的共同影响。外力功与剪切带的尺寸没有关系。

外力功 W 对剪切位移 u 求一阶导数,可得

$$\frac{dW}{du} = Ku_0\cos\alpha - Ku\cos^2\alpha = K(u_0 - u')\cos\alpha = P\cos\alpha \tag{8-14}$$

将式(8-14)对剪切位移 u 求一阶导数,可得

$$\frac{d^2W}{du^2} = -K\cos^2\alpha = -\frac{EA}{L'}\cos^2\alpha \tag{8-15}$$

8.2.2　弹性势能

弹性势能是指剪切带的弹性应变能乘以剪切带的体积。弹性势能 U_E 可以表示为

$$U_E = \frac{\tau^2 Aw}{2G\sin\alpha} \tag{8-16}$$

式中,$A/\sin\alpha$ 为剪切带的面积。

见式(8-16),剪切带的弹性势能受剪切带的弹性应变能及剪切带的体积影响。

将弹性势能 U_E 对 u 求一阶导数,可得

$$\frac{dU_E}{du} = \frac{dU_E}{d\tau} \cdot \frac{d\tau}{du} \tag{8-17}$$

根据式(8-16),$dU_E/d\tau$ 可以表示为

$$\frac{dU_E}{d\tau} = \frac{\tau Aw}{G\sin\alpha} \tag{8-18}$$

$d\tau/du$ 可以表示为

$$\frac{d\tau}{du} = -\frac{\lambda}{w} \tag{8-19}$$

式中,$\lambda = |d\tau/d\gamma|$,是一个反映材料脆性的本构参数,称为剪切弹塑性模量。

因此,式(8-17)可以表示为

$$\frac{dU_E}{du} = -\frac{\tau A\lambda}{G\sin\alpha} \tag{8-20}$$

将式(8-20)对 u 求一阶导数,可得

$$\frac{\mathrm{d}^2 U_\mathrm{E}}{\mathrm{d}u^2} = \frac{\mathrm{d}\left(\dfrac{\mathrm{d}U_\mathrm{E}}{\mathrm{d}u}\right)}{\mathrm{d}u} = \frac{\mathrm{d}\left(\dfrac{\mathrm{d}U_\mathrm{E}}{\mathrm{d}u}\right)}{\mathrm{d}\tau} \cdot \frac{\mathrm{d}\tau}{\mathrm{d}u} = -\frac{A\lambda}{G\sin\alpha} \cdot \left(-\frac{\lambda}{w}\right) = \frac{\lambda^2 A}{wG\sin\alpha} \qquad (8\text{-}21)$$

8.2.3 耗散势能

耗散势能是指剪切带的塑性应变能乘以剪切带的体积。耗散势能 U_s 可以表示为

$$U_\mathrm{S} = \frac{Aw\left(\tau_\mathrm{c}^2 - \tau^2\right)}{2c\sin\alpha} \qquad (8\text{-}22)$$

式中，τ_c 为抗剪强度，$c = \left|\mathrm{d}\tau / \mathrm{d}\gamma^\mathrm{p}\right|$ 为软化模量。

见式(8-22)，耗散势能与剪切带的塑性应变能及剪切带的体积有关。因此，剪切带的弹性势能及耗散势能均不受剪切带之外弹性体的尺寸的影响，但与剪切带的尺寸有关系。此外，二者还与弹性阶段的本构参数(弹性模量)、应变软化阶段的本构参数(软化模量)及结构形式(剪切带倾角)有关。

c 与 λ 的之间的关系为

$$c = \frac{G\lambda}{G+\lambda} \qquad (8\text{-}23)$$

式中，G 为剪切弹性模量。

将耗散势能 U_S 对 u 求一阶导数，可得

$$\frac{\mathrm{d}U_\mathrm{S}}{\mathrm{d}u} = \frac{\mathrm{d}U_\mathrm{S}}{\mathrm{d}\tau} \cdot \frac{\mathrm{d}\tau}{\mathrm{d}u} \qquad (8\text{-}24)$$

根据式(8-22)，$\mathrm{d}U_\mathrm{S} / \mathrm{d}\tau$ 可以表示为

$$\frac{\mathrm{d}U_\mathrm{S}}{\mathrm{d}\tau} = \frac{-Aw\tau}{c\sin\alpha} \qquad (8\text{-}25)$$

利用式(8-19)及式(8-24)，式(8-25)可以表示为

$$\frac{\mathrm{d}U_\mathrm{S}}{\mathrm{d}u} = \frac{A\lambda\tau}{c\sin\alpha} \qquad (8\text{-}26)$$

将式(8-26)对 u 求一阶导数，可得

$$\frac{\mathrm{d}^2 U_\mathrm{S}}{\mathrm{d}u^2} = \frac{\mathrm{d}\left(\dfrac{\mathrm{d}U_\mathrm{S}}{\mathrm{d}u}\right)}{\mathrm{d}u} = \frac{\mathrm{d}\left(\dfrac{\mathrm{d}U_\mathrm{S}}{\mathrm{d}u}\right)}{\mathrm{d}\tau} \cdot \frac{\mathrm{d}\tau}{\mathrm{d}u} = \frac{A\lambda}{c\sin\alpha} \cdot \left(-\frac{\lambda}{w}\right) = -\frac{\lambda^2 A}{cw\sin\alpha} \qquad (8\text{-}27)$$

8.2.4　基于能量原理的剪切带-弹性体的失稳判据

剪切带-弹性体系统的势能 Π 可以表示为

$$\Pi = U_E + U_S - W \tag{8-28}$$

系统的平衡条件为

$$\frac{\mathrm{d}\Pi}{\mathrm{d}u} = \frac{\mathrm{d}U_E}{\mathrm{d}u} + \frac{\mathrm{d}U_S}{\mathrm{d}u} - \frac{\mathrm{d}W}{\mathrm{d}u} = 0 \tag{8-29}$$

式(8-29)是自然满足的，因为将式(8-14)、式(8-20)及式(8-26)代入式(8-29)可以得到

$$\frac{A\lambda\tau}{\sin\alpha}\left(\frac{1}{c}-\frac{1}{G}\right) - P\cos\alpha = \frac{A\lambda\tau}{\sin\alpha}\cdot\frac{1}{\lambda} - P\cos\alpha = A\left(\frac{\tau}{\sin\alpha} - \sigma\cos\alpha\right) \equiv 0 \tag{8-30}$$

式(8-30)自然满足保证了剪切带之外弹性体的平衡(倾角为 α 的倾斜截面上的法向应力 σ 与剪切应力 τ 满足 $\tau = 0.5\sigma\sin2\alpha$)。

系统的失稳判据为

$$\frac{\mathrm{d}^2\Pi}{\mathrm{d}u^2} = \frac{\mathrm{d}^2U_E}{\mathrm{d}u^2} + \frac{\mathrm{d}^2U_S}{\mathrm{d}u^2} - \frac{\mathrm{d}^2W}{\mathrm{d}u^2} < 0 \tag{8-31}$$

将式(8-15)、式(8-21)及式(8-27)代入式(8-31)，可得

$$\frac{\lambda^2 A}{wG\sin\alpha} - \frac{\lambda^2 A}{cw\sin\alpha} + \frac{EA}{L'}\cos^2\alpha < 0 \tag{8-32}$$

式(8-32)进行化简，可得

$$\frac{\lambda^2}{w\sin\alpha}\cdot\left(\frac{1}{G}-\frac{1}{c}\right) + \frac{E}{L'}\cos^2\alpha = \frac{\lambda^2}{w\sin\alpha} + \frac{E}{L'}\cos^2\alpha < 0 \tag{8-33}$$

因此，系统的失稳判据最终可以表示为

$$\frac{\lambda}{w} > \frac{E\sin\alpha\cos^2\alpha}{L-\dfrac{w}{\sin\alpha}} \tag{8-34}$$

若和试样高度 L 相比，$w/\sin\alpha$ 可以忽略不计，则式(8-34)将简化为

$$\frac{\lambda}{w} > \frac{E \sin \alpha \cos^2 \alpha}{L} \tag{8-35}$$

8.2.5　基于能量原理的失稳判据的优越性

第一，式(8-35)与第 8.1.2 节通过比较剪切带的刚度与带外弹性体的剪切刚度 k 得到的失稳判据是相同的。这说明，目前得到的失稳判据[式(8-34)]是更广义的失稳判据。

第二，利用能量原理分析剪切带-弹性体系统的稳定性时，不必引入第 8.1.1 节的一些假设，分析过程比较严密。

第三，目前得到的失稳判据更准确。由式(8-34)可以发现，考虑剪切带宽度后，式(8-34)的右端值变大，和式(8-35)相比，不等式不容易满足。也就是说，考虑上述因素后，相当于降低了试样高度，剪切带-弹性体系统不容易发生失稳。式(8-35)高估了系统的不稳定性。

应当指出，第 8.2.1 节的带外弹性体的压缩刚度 K 与第 8.1.1 节的带外弹性体的剪切刚度 k 是不同的概念。

8.3　拉伸、剪切及单轴压缩试样的统一失稳判据

式(7-29)给出了单轴拉伸、单轴压缩及直接剪切条件下试样应力-应变曲线软化段斜率的统一解析式。当峰后斜率为正时，试样发生快速回跳：

$$\frac{\mathrm{d}\sigma^i}{\mathrm{d}\varepsilon_i} = \left(\frac{1}{E_i} - \frac{w_j}{c_j L_i}\right)^{-1} > 0 \tag{8-36}$$

由式(8-36)可以得到快速回跳条件的等价表达式：

$$\frac{1}{E_i} > \frac{w_j}{c_j L_i} \tag{8-37}$$

当 $i = j = t$ 时，式(8-37)表示单轴拉伸试样的快速回跳条件，与式(6-13)相同。

当 $i = j = s$ 时，式(8-37)表示直接剪切试样的快速回跳条件：

$$\frac{1}{E_s} = \frac{1}{G} > \frac{w_s}{c_s L_s} \tag{8-38}$$

应当指出，L_s 是直接剪切试样与剪切应力垂直方向的尺寸，由于剪切带宽度为 w_s，因此，弹性区的尺寸 L_e 为

$$L_e = L_s - w_s \tag{8-39}$$

将式(8-38)中的 L_s 用 L_e 及 w_s 替代，则有

$$\frac{1}{G} > \frac{w_s}{c_s(L_e + w)} \tag{8-40}$$

由于

$$c_s = \frac{G\lambda_s}{G + \lambda_s} \tag{8-41}$$

式中，$\lambda_s = \left| \mathrm{d}\tau / \mathrm{d}\gamma \right|$，是剪切弹塑性模量。

因此，式(8-40)可以表示为

$$\frac{L_e}{G} > \frac{w_s}{\lambda_s} \tag{8-42}$$

式(8-42)与基于能量原理得到的失稳判据[式(3-17)]一致。

当 $i = c$，$j = s$ 时，式(8-37)表示单轴压缩试样剪切破坏的快速回跳条件：

$$\frac{1}{E_c} > \frac{w_s}{c_s L_c} \tag{8-43}$$

考虑到式(8-27)，有

$$\frac{1}{E_c} > \frac{w_s \sin\alpha \cos^2\alpha}{c_s L} \tag{8-44}$$

单轴压缩试样的快速回跳条件[式(8-44)]与基于刚度比理论得到的剪切带-弹性体系统的失稳判据[式(8-8)]相同。

由式(8-37)可以发现：

(1)单轴压缩试样剪切破坏的失稳判据及直接剪切试样的失稳判据的右端相同，这与采用了相同的剪切应变软化本构关系有关。

(2) c_j 越大，或 L_i 越大，或 E_i 越小，或 w_j 越小，则试样越容易发生失稳。

8.4　压剪试样的变形及稳定性

8.4.1　剪切带的变形

如图 8-3 所示，假设试样端部的压缩应力及剪切应力分别为 σ 及 τ_0，τ_0 保

持常量，τ_0 和抗剪强度相比较小，不足以引起破坏；在应力-轴向应变曲线的峰值强度被达到之时，应变局部化启动，剪切带的倾角为 α，宽度为 w。在与 σ 的夹角为 α 的倾斜截面上，总剪切应力为 τ，假设剪切带内材料在 τ 的作用下发生剪切破坏。τ 由两部分构成：由 σ 引起的剪切应力设为 τ_1，由 τ_0 引起的剪切应力设为 τ_2：

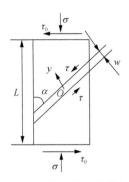

图 8-3　压剪试样及有关参数

$$\tau = \tau_1 + \tau_2 \tag{8-45}$$

根据剪切带之外弹性体的平衡条件，τ_1 及 τ_2 可以分别表示为

$$\tau_1 = \frac{\sigma \sin 2\alpha}{2} \tag{8-46}$$

$$\tau_2 = \frac{\tau_0(1 - \cos 2\alpha)}{2} \tag{8-47}$$

由于 τ_0 为常量，因此，τ_2 也为常量。

剪切带的总局部剪切应变 $\gamma(y)$ 可以分解为弹性部分 γ^e 及塑性部分 $\gamma^p(y)$。γ^e 又可以分解为两部分：由 σ 引起的弹性剪切应变设为 γ_1^e，由 τ_0 引起的弹性剪切应变设为 γ_2^e。因此，有

$$\gamma(y) = \gamma^e + \gamma^p(y) = \gamma_1^e + \gamma_2^e + \gamma^p(y) = \frac{\tau_1}{G} + \frac{\tau_2}{G} + \frac{\tau_{c1} - \tau_1}{c}\left(1 + \cos\frac{y}{l}\right) \tag{8-48}$$

式中，τ_{c1} 为抗剪强度。式(8-48)的推导需要利用图 8-4 中的本构关系，其推导过程与式(2-17)是类似的，这里不再给出。

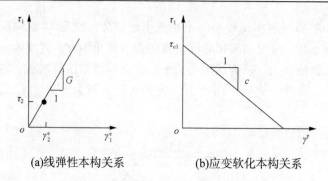

(a)线弹性本构关系　　　　(b)应变软化本构关系

图 8-4　弹性及应变软化的本构关系

对式(8-48)进行积分，可以得到剪切带的剪切位移 d ：

$$d = 2\int_0^{w/2} \gamma(y)\mathrm{d}y = \frac{\tau_1 + \tau_2}{G}w + \frac{\tau_{c1} - \tau_1}{c}w \tag{8-49}$$

由式(8-49)可得

$$\frac{\mathrm{d}\tau_1}{\mathrm{d}d} = \frac{1}{w}\cdot\left(\frac{1}{G} - \frac{1}{c}\right)^{-1} \tag{8-50}$$

考虑到式(8-7)，式(8-50)可以表示为

$$\frac{\mathrm{d}\tau_1}{\mathrm{d}d} = -\frac{\lambda}{w} \tag{8-51}$$

8.4.2　剪切带之外弹性体的剪切刚度

设剪切带之外弹性体沿剪切带的剪切位移为 d_t ，假设 d_t 与剪切带边界上的剪切应力 τ 之间的关系为线性关系：

$$\tau = kd_t + c_0 \tag{8-52}$$

式中，k 及 c_0 为常数。为了表述方便，不妨将 k 称为剪切带之外弹性体的剪切刚度。弹性体在 σ 的作用下，沿 σ 方向的压缩位移设为 δ ，则 σ 与 δ 之间的关系应该满足胡克定律：

$$\delta = \frac{\sigma L}{E} \tag{8-53}$$

而 δ 与 d_t 之间的关系为

$$\delta = d_t \cos\alpha \tag{8-54}$$

因此，可以得到 d_t 与 σ 之间的关系：

$$d_t = \frac{\sigma L}{E \cos\alpha} \tag{8-55}$$

因此，式(8-52)可以表示为

$$\tau = k\frac{\sigma L}{E \cos\alpha} + c_0 \tag{8-56}$$

根据式(8-45)、式(8-46)及式(8-47)，τ 可以表示为

$$\tau = \frac{\sigma \sin 2\alpha}{2} + \frac{\tau_0(1-\cos 2\alpha)}{2} \tag{8-57}$$

对式(8-56)及(8-57)进行比较，可以得到

$$k = \frac{E \sin 2\alpha \cos\alpha}{2L} \tag{8-58}$$

$$c_0 = \frac{\tau_0(1-\cos 2\alpha)}{2} \tag{8-59}$$

8.4.3　剪切带-弹性体系统的失稳判据

将剪切带比拟为"试样"，将弹性体比拟为"试验机"，则"试样"-"试验机"（剪切带-弹性体）系统的失稳判据为

$$k < \left|\frac{\mathrm{d}\tau_1}{\mathrm{d}d}\right| \tag{8-60}$$

将式(8-51)及式(8-58)代入式(8-60)，可以得到

$$\frac{\lambda}{w} > \frac{E \sin 2\alpha \cos\alpha}{2L} = \frac{E \sin\alpha \cos^2\alpha}{L} \tag{8-61}$$

8.4.4　端部剪切应力对剪切带的应变分布的影响

在式(8-48)中，若不考虑剪切应力 τ_2，则有

$$\gamma(y) = \gamma^e + \gamma^p(y) = \gamma_1^e + \gamma^p(y) = \frac{\tau_1}{G} + \frac{\tau_c - \tau_1}{c}\left(1 + \cos\frac{y}{l}\right) \tag{8-62}$$

式中，τ_c 为抗剪强度，假设 τ_c 不因为是否考虑 τ_2 而改变。当 τ_1 达到最大值 τ_{c1} 时，若不考虑 τ_2，则有

$$\tau_c = \tau_{c1} \tag{8-63}$$

当考虑 τ_2 时，则有

$$\tau_c = \tau_{c1} + \tau_2 \tag{8-64}$$

也就是说，式(8-64)中的 τ_{c1} 小于式(8-63)中的 τ_{c1}。

对比式(8-48)及式(8-62)的各项，可以发现：

(1)考虑剪切应力 τ_2 后，在剪切应力 τ_1 相同时，剪切带的弹性剪切应变(均匀分布)增加。

(2)考虑剪切应力 τ_2 后，在剪切应力 τ_1 相同时，剪切带的局部塑性剪切应变(不均匀分布)降低。

8.4.5　端部剪切应力对剪切带的剪切位移的影响

在式(8-49)中，若不考虑剪切应力 τ_2，则有

$$d = d^e + d^p = \frac{\tau_1}{G} w + \frac{\tau_c - \tau_1}{c} w \tag{8-65}$$

式中，d^e 及 d^p 分别为剪切带的剪切位移的弹性及塑性部分。

对比式(8-49)及式(8-65)的各项，可以发现：

(1)考虑剪切应力 τ_2 后，在剪切应力 τ_1 相同时，剪切带的弹性剪切位移(线性分布)增加。

(2)考虑剪切应力 τ_2 后，在剪切应力 τ_1 相同时，剪切带的局部塑性剪切位移(非线性分布)降低。

设式(8-65)与式(8-49)之差为 Δd，则有

$$\Delta d = w \tau_2 \left(\frac{1}{c} - \frac{1}{G} \right) \tag{8-66}$$

式(8-66)可以表示为

$$\Delta d = w \tau_2 \frac{1}{\lambda} > 0 \tag{8-67}$$

因此，不考虑剪切应力 τ_2 时，剪切带的剪切位移大。

8.4.6　端部剪切应力对系统稳定性的影响

式 (8-61) 与式 (8-6) 相同，因此，剪切应力 τ_2 对剪切带-弹性体系统的稳定性没有影响。

8.5　本　章　小　结

在单轴压缩条件下，将剪切应变局部化带比拟为"试样"，将弹性体比拟为"试验机"，通过比较"试样"与"试验机"的刚度，得到了失稳判据。该失稳判据与试样高度、软化模量、弹性模量、剪切带的宽度及倾角有关。该失稳判据即为矿柱岩爆准则。

若试样发生 II 类变形行为，则试样必发生剪切失稳。

在单轴压缩条件下，剪切带-弹性体构成一个力学系统。系统在单轴压缩条件下的总势能由剪切带的弹性及耗散势能以及弹性体对剪切带所做的外力功构成。剪切带的弹性及耗散势能与剪切带的体积有关系。将系统的总势能对剪切带的剪切位移求一阶导数，得到了弹性体的平衡条件。将总势能对剪切位移求二阶导数，得到了系统的失稳判据。基于能量原理的失稳判据严格，精确，具有广泛意义。该失稳判据综合反映了材料弹性及应变外力的本构参数、弹性体的尺寸、剪切带的宽度及系统的结构形式对系统稳定性的影响。

将单轴拉伸、直接剪切及单轴压缩剪切破坏条件下试样的失稳判据表示成一个统一形式，这加深了对不同受力条件下试样稳定性共性的理解。

当试样端部受到剪切应力及压缩应力联合作用时，提出了剪切带的局部塑性剪切应变及总剪切应变分布的解析式，提出了剪切带的塑性剪切位移及总剪切位移的解析式，推导了剪切带之外弹性体的剪切刚度，建立了剪切带-弹性体系统的失稳判据。

考虑试样端部的剪切应力后，在剪切应力相同时，剪切带的塑性剪切应变(不均匀分布)减小；剪切带的局部塑性剪切位移(非线性分布)减小。试样端部的剪切应力对剪切带-弹性体系统的稳定性没有影响，失稳判据仅和材料的本构参数、剪切带倾角及结构尺寸有关。

第 9 章　单轴压缩剪切破坏试样峰后塑性位移及剪切断裂能分析

提出了单轴压缩剪切破坏试样应力比-塑性位移关系的解析式。该解析式能与前人高强及普通混凝土试样的实验结果吻合。推导了峰后剪切断裂能的解析式，利用 Scott 模型，得到了峰前断裂能的解析式，提出了全部断裂能的解析式。全部断裂能具有尺寸效应及峰后剪切断裂能无尺寸效应的理论结果得到了前人一些实验结果的验证。峰后剪切断裂能与应力比之间的理论关系与前人高强及普通混凝土试样的实验结果吻合较好，研究了各种本构参数对峰后剪切断裂能-应力比关系的影响。

9.1　峰后塑性位移

9.1.1　峰后塑性位移的实验结果

图 9-1(a) 所示为 van Mier 等 (1997) 根据实验结果绘制的单轴压缩混凝土试样相对轴向应力 (σ/σ_c，σ 为压缩应力，σ_c 为抗压强度)-轴向塑性位移关系。

由此可见，在不采取减小摩擦措施(干摩擦)的实验条件下，无论混凝土试样的高宽比是多少，相对轴向应力-塑性位移关系基本上都位于同一区内。采取两种减摩措施后，相同减摩措施时不同高宽比试样相对应力-塑性位移关系仍然如此。这说明，试样端面的摩擦力对相对应力-塑性位移关系有影响，但在摩擦力相同的情况下，改变试样的高宽比对相对应力-塑性位移关系没有大的影响。

图 9-1(b) 和 (c) 所示分别是 Jansen 和 Shah (1997) 的单轴压缩条件下普通混凝土及高强混凝土试样的实验结果。可以发现，试样的高宽比基本不影响相对应力-塑性位移关系。

在峰值应力之前，尤明庆和华安增 (1998) 对多种岩石试样的应力-应变曲线进行了重新分析，也得出了类似的结果。另外，van Mier(1986)、韩大建(1987)、李宏等(1999)、尤明庆(2000)和陈惠发(2001)所得的结果也是类似的。

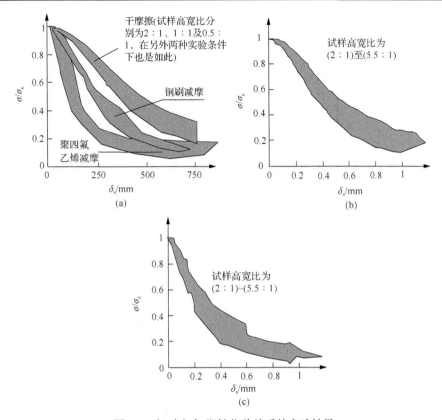

图 9-1　相对应力-塑性位移关系的实验结果

9.1.2　轴向塑性位移的解析式

假设试样轴向塑性位移根源于剪切带的塑性剪切位移。因此，剪切带的塑性剪切错动引起的试样轴向塑性位移 δ_s 可表示为

$$\delta_s = \frac{\tau_c - \tau}{c} w \cos \alpha \tag{9-1}$$

式中，α 为剪切带倾角；τ_c 为抗剪强度；τ 为剪切带受到的剪切应力；c 为剪切软化模量；w 为剪切带宽度；$(\tau_c - \tau)w / c$ 为剪切带两盘的相对塑性剪切位移，等于平均塑性剪切应变 $(\tau_c - \tau) / c$ 乘以剪切带宽度。

假设高矮不同试样的剪切带条数相同，都为 1。再利用 $\tau = 0.5\sigma \sin 2\alpha$ 及 $\tau_c = 0.5\sigma_c \sin 2\alpha$ 可得

$$\varepsilon_p = \frac{\sigma_c - \sigma}{cL} w \sin \alpha \cos^2 \alpha \tag{9-2}$$

式中，ε_p 为轴向塑性压缩应变，由于 $\delta_s = \varepsilon_p L$，$L$ 为试样高度，因此，有

$$\delta_s = \frac{\sigma_c - \sigma}{c} w \sin\alpha \cos^2\alpha \tag{9-3}$$

由式 (9-3) 可得下式：

$$\sigma = \sigma_c - \frac{c}{w \sin\alpha \cos^2\alpha} \cdot \delta_s \tag{9-4}$$

$$\frac{\sigma}{\sigma_c} = 1 - \frac{c}{w\sigma_c \sin\alpha \cos^2\alpha} \cdot \delta_s \tag{9-5}$$

$$\frac{\mathrm{d}\left(\dfrac{\sigma}{\sigma_c}\right)}{\mathrm{d}\delta_s} = -\frac{c}{w\sigma_c \sin\alpha \cos^2\alpha} \tag{9-6}$$

由式 (9-6) 可见，相对应力 σ/σ_c-塑性位移 δ_s 关系的斜率与压缩应力 σ 无关。若不同高宽比试样的本构参数（包括软化模量 c、剪切带宽度 w 及抗压强度 σ_c）及剪切带倾角 α 完全相同，则不同高宽比试样的相对应力-塑性位移关系将是一条直线。

实际上，剪切带倾角可能随着试样高度的改变而改变（王锺琦等 1986；王学滨等 2001c；王学滨和潘一山 2002）。因此，不同高宽比试样相对应力-塑性位移关系可能不是一条严格的直线，而是一个狭窄区。之所以该区比较狭窄，是因为在一般情况下，剪切带倾角（剪切带与试样纵向或轴向之间的夹角）α 的有效范围为 $10° \sim 35°$，故剪切带倾角对相对应力-塑性位移关系的影响是有限的。

为了验证上述理论结果的正确性，有必要将其与 Jansen 和 Shah (1997) 的实验结果做一对比。通过单轴压缩实验得到的普通混凝土的抗压强度 $\sigma_c = 47.9\mathrm{MPa}$，抗压强度所对应的压缩应变 $\varepsilon_c = 0.002$。弹性模量 $E = \sigma_c/\varepsilon_c$。根据 $E = 2G(1+\upsilon)$ 计算剪切弹性模量，泊松比 $\upsilon = 0.2$。内部长度 $l = 0.0243\mathrm{m}$。剪切弹塑性模量 $\lambda = 3.8\mathrm{GPa}$。由 G 及 λ 计算 c。不同剪切带倾角的理论结果见图 9-2(a)，Jansen 和 Shah (1997) 的实验结果见图 9-1(b)。

对于高强混凝土，抗压强度 $\sigma_c = 90.1\mathrm{MPa}$，抗压强度所对应的压缩应变 $\varepsilon_c = 0.00245$，$\lambda = 19.5\mathrm{GPa}$，其他参数同上。不同剪切带倾角的理论结果见图 9-2(b)，Jansen 和 Shah (1997) 的实验结果见图 9-1(c)。

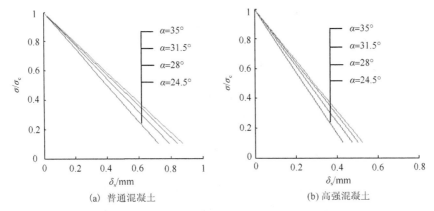

(a) 普通混凝土　　　　　　　　　(b) 高强混凝土

图 9-2　不同剪切带倾角的相对应力-塑性位移关系的理论结果

通过对比可以发现，本书的理论结果能与前人的实验结果吻合，理论结果较好地反映了实验结果的"先窄后宽"现象，类似"马尾"，即当相对应力较大时，实验结果比较集中，故数据区较窄；而当相对应力较小时，实验结果比较分散，故数据区较宽。

9.2　剪切断裂能的解析式

9.2.1　峰后断裂能

假设当试样所受的压缩应力达到抗压强度 σ_c 时，按弹性模量 E 卸载。这样，以 δ（试样端部位移）为横坐标，以垂直轴线 2 为纵坐标，可将压缩应力-位移曲线简化为线弹性阶段和应变软化阶段，见图 9-3。为计算峰后断裂能 A_{post} 方便，假设材料的峰后剪切本构关系是线性应变软化的。

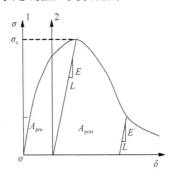

图 9-3　峰前及峰后断裂能

剪切带的塑性剪切应变分布是不均匀的，见式(2-13)，定义等效（或平均）塑性剪切应变 $\bar{\gamma}^p$ 为

$$\overline{\gamma}^p = \frac{2}{w}\int_0^{w/2}\gamma^p(y)\mathrm{d}y = \frac{\tau_c - \tau}{c} \tag{9-7}$$

剪切带消耗的能量可以表示为

$$V = \frac{A_0 w}{\sin\alpha}\int\tau\mathrm{d}\overline{\gamma}^p = -\frac{A_0 w}{c\sin\alpha}\int_{\tau_c}^{\tau}\tau\mathrm{d}\tau = \frac{A_0 w}{2c\sin\alpha}(\tau_c^2 - \tau^2) \tag{9-8}$$

式中，$\mathrm{d}\overline{\gamma}^p = -\mathrm{d}\tau/c$；$A_0 w/\sin\alpha$ 为剪切带的体积；$A_0/\sin\alpha$ 为剪切带的面积；A_0 为试样的横截面面积。

在应变软化阶段，试样可以被划分为两部分：剪切带和带外弹性体。弹性体不消耗能量，故没有断裂能。剪切带的弹性变形也不消耗能量。剪切带发生塑性剪切变形，故将消耗一定的能量，剪切带单位面积上吸收或消耗的能量即为剪切断裂能。假设单轴压缩试样发生剪切破坏，因此，根据应力-应变曲线得到的峰后断裂能即为剪切断裂能 A_{post}：

$$A_{post} = \frac{V}{A_0} \tag{9-9}$$

应当指出，这里，未考虑轴向劈裂引起的断裂能。其原因主要在于：

(1) 试样的轴向承载能力降低主要根源于试样的剪切变形(尤明庆和华安增，1998)。

(2) 试样的轴向劈裂不会改变试样的宏观的连续应力场(Bažant et al.，1996)。因此，根据应力-应变曲线得到的峰后断裂能不包含轴向劈裂断裂能，仅包括剪切断裂能。

在剪切带边界上，剪切带受到的剪切应力 τ 及抗剪强度 τ_c 分别如下：$\tau = 0.5\sigma\sin 2\alpha$ 及 $\tau_c = 0.5\sigma_c\sin 2\alpha$。这样，有

$$A_{post} = \frac{w\sin\alpha\cos^2\alpha(\sigma_c^2 - \sigma^2)}{2c} \tag{9-10}$$

9.2.2　峰前断裂能

在峰值强度之前，Scott 模型(Mendis et al.，2000)的表达式为

$$\sigma = \sigma_c\left[\frac{2\varepsilon}{\varepsilon_c} - \left(\frac{\varepsilon}{\varepsilon_c}\right)^2\right] \tag{9-11}$$

式中，ε 为轴向应变；ε_c 为抗压强度所对应的轴向应变。

由式 (9-11) 可见，当 $\varepsilon = 0$ 时，$\sigma = 0$；当 $\varepsilon = \varepsilon_c$ 时，$\sigma = \sigma_c$。将式 (9-11) 中 σ 对 ε 求导，可得

$$\frac{\mathrm{d}\sigma}{\mathrm{d}\varepsilon} = \sigma_c \left(\frac{2}{\varepsilon_c} - \frac{2\varepsilon}{\varepsilon_c^2} \right) \tag{9-12}$$

当 $\varepsilon = 0$ 时

$$E = \frac{\mathrm{d}\sigma}{\mathrm{d}\varepsilon} = \frac{2\sigma_c}{\varepsilon_c} \tag{9-13}$$

如图 9-4 所示，当压缩应力达到抗压强度时，试样储存的弹性应变能密度设为 U_e：

$$U_e = \frac{\sigma_c^2}{2E} = \frac{\sigma_c \varepsilon_c}{4} \tag{9-14}$$

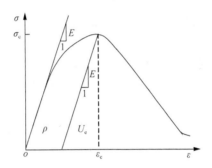

图 9-4　峰前断裂能密度及 Scott 模型

在抗压强度之前，断裂能密度 (单位体积的能量) ρ 可以表示为

$$\rho = \int_0^{\varepsilon_c} \sigma \mathrm{d}\varepsilon - U_e \tag{9-15}$$

利用式 (9-11) 及式 (9-15)，可得

$$\rho = \frac{5\sigma_c \varepsilon_c}{12} \tag{9-16}$$

考虑 ρ 与 A_{pre} 之间的关系：

$$A_{\mathrm{pre}} = L\rho \tag{9-17}$$

式中，L 为试样高度。

因此，A_{pre} 为

$$A_{pre} = \frac{5L\sigma_c\varepsilon_c}{12} \tag{9-18}$$

9.2.3 全部断裂能

设全部断裂能为 G_F：

$$G_F = A_{post} + A_{pre} \tag{9-19}$$

$$G_F = A + BL \tag{9-20}$$

式中，A 为峰后断裂能 A_{post}，$B = 5\sigma_c\varepsilon_c / 12$。

9.2.4 正确性验证及讨论

图 9-5(a) 及 (b) 中的数据点是 Jansen 和 Shah(1997) 的普通及高强混凝土试样全部断裂能的实验结果。该实验结果比较分散，其中，σ / σ_c = 33%。图中实直线是本书作者对该实验结果的线性回归结果。由此可见，全部断裂能与试样高度成正比。因此，该实验结果的回归结果与式(9-19)所描述的规律是完全一致的。

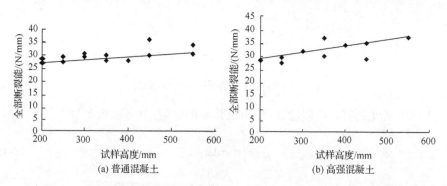

图 9-5 全部断裂能的实验结果(Jansen and Shah，1997)及线性回归结果

图 9-6 所示为 Rokugo 和 Koyanagi(1992) 的全部断裂能的实验结果及本书作者的线性回归结果。由此可见，全部断裂能也与试样高度成正比。

由式(9-19)可以发现，若不考虑剪切带倾角及抗压强度的尺寸效应，全部断裂能存在尺寸效应的原因是峰前的均匀塑性变形；增加抗压强度，则全部断裂能增加；全部断裂能与剪切带宽度成正比，与软化模量成反比；增加弹性模量，则全部断裂能降低。

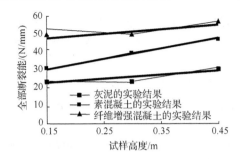

图 9-6　全部断裂能的实验结果(Rokugo and Koyanagi，1992)及线性回归结果

9.2.5　峰后断裂能的演变及参数研究

式(9-10)可以表示为

$$A_{\text{post}} = A_0\left[1 - \left(\frac{\sigma}{\sigma_c}\right)^2\right] \tag{9-21}$$

式中，A_0 可以表示为

$$A_0 = \frac{w\sigma_c^2 \sin\alpha\cos^2\alpha}{2c} \tag{9-22}$$

为了研究相对应力 σ/σ_c 对普通和高强混凝土峰后断裂能的影响，分别取 $A_0 = 24.1\text{N/mm}$ 及 $A_0 = 26.9\text{N/mm}$。实验结果(Jansen and Shah, 1997)与目前的理论结果的对比见图 9-7。可以发现，二者吻合较好。

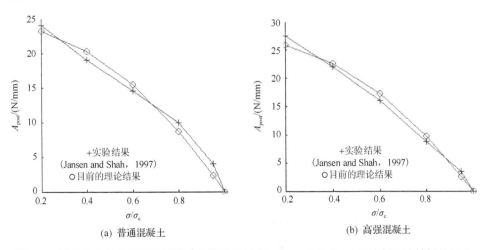

(a) 普通混凝土　　　　　　　　　　　　(b) 高强混凝土

图 9-7　相对应力对峰后断裂能影响的实验结果(Jansen and Shah，1997)与理论结果的对比

为了研究剪切带倾角对峰后断裂能的影响，取 $\sigma_c = 90.1\text{MPa}$ 、 $l = 0.0243\text{m}$ 、 $\lambda = 19.5\text{GPa}$ 及 $G = 15.3\text{GPa}$ 。计算结果见图 9-8(a)。可以发现，增加剪切带倾角，则峰后断裂能稍有增加。

为了研究剪切软化模量对峰后断裂能的影响，取 $\sigma_c = 90.1\text{MPa}$ 、 $\alpha = 30°$ 、 $G = 15.3\text{GPa}$ 及 $l = 0.0243\text{m}$ 。计算结果见图 9-8(b)。可以发现，增加剪切软化模量，则峰后断裂能降低。

为了研究内部长度或剪切带宽度对峰后断裂能的影响，取 $c = 5 \times 10^9\text{Pa}$ 、 $\sigma_c = 90.1\text{MPa}$ 、 $G = 15.3\text{GPa}$ 及 $\alpha = 30°$ 。计算结果见图 9-8(c)。可以发现，增加内部长度或剪切带宽度，则峰后断裂能增加。

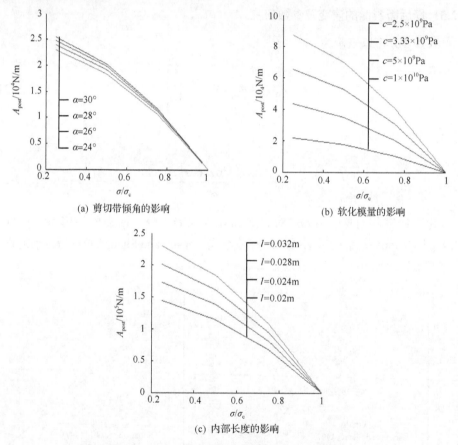

(a) 剪切带倾角的影响　　　　　　　(b) 软化模量的影响

(c) 内部长度的影响

图 9-8　三种因素对峰后断裂能的影响因素分析

9.2.6　关于峰后断裂能尺寸效应的讨论

一条剪切带的形成及发展消耗的峰后断裂能由式(9-21)表示。假设每条剪

切带消耗的峰后断裂能都相同。因此，n 条剪切带的形成及发展消耗的峰后断裂能为

$$A_0 = \frac{n w \sigma_c^2 \sin \alpha \cos^2 \alpha}{2c} \tag{9-23}$$

多重剪切带的出现，相当于增加了剪切带宽度。这里，未考虑剪切带之间的相互作用。

由式 (9-21) 及式 (9-22) 可以发现，峰后断裂能与抗压强度、剪切带宽度、软化模量及剪切带倾角有关。剪切带宽度及软化模量属于本构参数。若不考虑剪切带倾角及抗压强度的尺寸效应，则可将峰后断裂能看做一个本构或材料参数。

根据 Jansen 和 Shah (1997) 的普通混凝土的实验结果，取抗压强度 $\sigma_c = 47.9\mathrm{MPa}$，取抗压强度所对应的轴向应变 $\varepsilon_c = 0.002$。取剪切带倾角 $\alpha = 30°$，泊松比 $\upsilon = 0.2$。弹性模量 $E = \sigma_c / \varepsilon_c$，根据 $E = 2G(1+\upsilon)$ 计算剪切弹性模量。取内部长度 $l = 0.0243\mathrm{m}$，剪切弹塑性模量 $\lambda = 3.8\mathrm{GPa}$，剪切带条数 $n = 1$，$\sigma / \sigma_c = 33\%$。由于不考虑抗压强度及剪切带倾角的尺寸效应，因此，不同高度试样的断裂能的理论结果为常数，见图 9-9 (a)。

取 $\sigma / \sigma_c = 33\%$ 是因为应力比为 1/3 时通常对应于残余变形阶段。此后，试样将断裂成若干小块体，它们沿断裂面发生相对错动。目前的峰后断裂能是指应变软化阶段的断裂能。

由图 9-9 (a) 可以发现，虽然，实验结果比较分散，但其线性回归结果 (实直线) 基本保持为直线，只是随着试样高度的增加，断裂能稍有减小，这很可能是由于随着试样高度的增加剪切带倾角稍有增加的缘故；目前的理论结果与实验结果的线性回归结果比较吻合。

根据 Jansen 和 Shah (1997) 的高强混凝土的实验结果，取 $\sigma_c = 90.1\mathrm{MPa}$、$\varepsilon_c = 0.00245$ 及 $\lambda = 19.5\mathrm{GPa}$，其他参数同上。各种结果见图 9-9 (b)。可以发现，

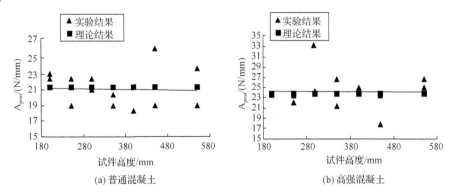

图 9-9　Jansen 和 Shah (1997) 的实验的结果、线性回归结果 (直线) 与理论结果的对比

较为分散的实验结果的线性回归结果(实直线)保持为直线，目前的理论结果与实验结果的线性回归结果非常吻合。

一些实验及数值结果均表明，抗压强度具有尺寸效应(Hudson et al., 1972；刘宝琛等，1998)，剪切带倾角也受试样几何尺寸的影响(王锺琦等，1986；王学滨等，2001c；王学滨和潘一山，2002)。关于抗压强度是否具有尺寸效应的问题，也有不同的观点。有些实验结果表明，抗压强度不随着试样尺寸而改变，例如，Jansen 和 Shah (1997)的实验结果、Rokugo 和 Koyanagi (1992)的实验结果及 Choi 等(1996)的实验结果。若抗压强度存在尺寸效应，则断裂能必存在尺寸效应。通常，试样越大，则抗压强度越小。所以，增加试样尺寸，则断裂能减小。当试样尺寸非常大时，抗压强度不再改变，断裂能不存在尺寸效应。

应当指出，Vonk (1992)的实验结果与目前的理论结果不一致。他的结果表明，峰后断裂能随试样高度的增加而增加。Jansen 和 Shah (1997)对 Vonk (1992)的实验结果提出了不同的看法：Vonk 的试样太短，可能已经切去了压缩断裂区的端部，故不能允许压缩断裂区的充分形成。

本书作者赞同 Jansen 和 Shah (1997)的观点。顺便指出，当试样高度不高时，Markeset 和 Hillerborg (1995)的理论结果与 Vonk (1992)的实验结果比较相符，这似乎是不可信的。但是，本书作者对试样高度较大时断裂能不存在尺寸效应的观点(Markeset and Hillerborg, 1995)还是赞同的。

最后指出，单轴压缩条件下试样的破坏机制除了剪切外，还包括平行于压缩应力方向的张拉。这种张拉虽然也要消耗能量，但不会对试样轴向位移产生贡献，故不会对试样应力-轴向应变曲线及断裂能有任何影响，因为通常是根据应力-轴向应变曲线来计算断裂能的。也就是说，实测的断裂能不包括由于上述张拉消耗的能量。因此，本书对这部分断裂能未予以考虑。

9.3 本 章 小 结

剪切带倾角对单轴压缩剪切破坏试样相对应力-轴向塑性位移关系的斜率有一定的影响；若剪切带倾角存在尺寸效应，则不同高宽比试样相对应力-塑性位移关系不是一条严格的直线，而是一个狭窄区，类似"马尾"。但是，剪切带倾角对相对应力-塑性位移关系的斜率的影响是有限的，峰后应力-塑性位移关系的斜率基本上是常量，这与前人的一些实验结果相符。

不同高度试样相对应力-轴向塑性位移关系的斜率基本上是常量。该斜率不具有明显的尺寸效应。因此，从这一角度讲，该斜率可视为材料应变软化阶段的本构参数。

全部断裂能具有尺寸效应，其与试样的高度成正比，其原因是由于峰前的均匀塑性变形。Scott 模型与梯度塑性理论的联合可以合理地解释全部断裂能的尺寸效应。

提出了全部断裂能的解析式。随着抗压强度的增加，全部断裂能增加。全部断裂能与剪切带宽度成正比，与软化模量成反比。

峰后断裂能随着相对应力的降低而非线性增加。剪切带倾角的增加使峰后断裂能稍有增加。剪切软化模量的增加或剪切带宽度的降低使峰后断裂能降低。

若不考虑剪切带倾角及抗压强度的尺寸效应，则峰后断裂能不具有尺寸效应，可作为一个本构参数。

第10章 单轴压缩剪切破坏试样的侧向及体积变形分析

提出了单轴压缩剪切破坏试样应力-侧向应变曲线的解析式，研究了本构参数及试样宽度对其影响。提出了利用不同尺寸试样应力-轴向应变曲线得到试样应力-侧向应变曲线的方法。反算了不同尺寸试样的剪切带条数，研究了应力-侧向应变曲线软化段的尺寸效应。根据得到的轴向应变及侧向应变的解析式，提出了试样体积应变的解析式。推导了仅考虑剪胀效应的试样纯体积应变的解析式。发现了应力-纯体积应变曲线软化段不具有尺寸效应，研究了扩容角、剪切弹塑性模量及泊松比的影响。

10.1 应力-侧向应变曲线的解析式

在分析中，不考虑轴向劈裂引起的试样侧向位移，认为应变软化阶段的侧向塑性应变或变位移是由剪切应变局部化引起的。因此，试样的侧向位移由两部分构成，其一为弹性部分 s_e，为表示方便，设拉伸为正，$s_e > 0$；其二为塑性部分 s_p，$s_p > 0$。s_e 可表示为

$$s_e = \upsilon B \frac{\sigma}{E} \tag{10-1}$$

式中，E 为弹性模量；υ 为泊松比；B 为试样宽度，见图 10-1；σ 为压缩应力。

剪切带的相对剪切位移 s 可以表示为

$$s = \frac{\tau_c - \tau}{c} w \tag{10-2}$$

式中，τ_c 为抗剪强度；τ 为剪切带受到的剪切应力；c 为剪切软化模量；w 为剪切带宽度。

如图 10-1 所示，s_p 与 s 的关系为

$$\sin \alpha = \frac{s_p}{s} \tag{10-3}$$

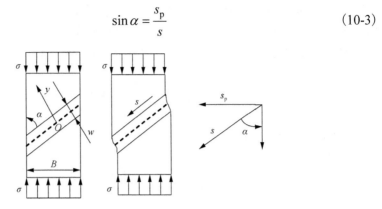

图 10-1 单轴压缩剪切破坏试样的侧向膨胀及几何关系

根据式(10-2)及式(10-3)，s_p 可以表示为

$$s_p = \frac{\tau_c - \tau}{c} w \sin \alpha \tag{10-4}$$

设由剪切应变局部化而引起的侧向应变为 ε_p，根据式(10-4)，有

$$\varepsilon_p = \frac{s_p}{B} = \frac{\tau_c - \tau}{cB} w \sin \alpha \tag{10-5}$$

设侧向弹性应变为 ε_e，根据式(10-1)，有

$$\varepsilon_e = \frac{s_e}{B} = \upsilon \frac{\sigma}{E} \tag{10-6}$$

总侧向应变 ε_l 为

$$\varepsilon_l = \varepsilon_e + \varepsilon_p \tag{10-7}$$

因此，利用式(10-5)～式(10-7)，可得

$$\varepsilon_l = \upsilon \frac{\sigma}{E} + \frac{\tau_c - \tau}{cB} w \sin \alpha \tag{10-8}$$

式(10-8)适用于软化阶段。在弹性阶段，有

$$\varepsilon_l = \frac{\upsilon \sigma}{E} \tag{10-9}$$

当剪切应变局部化刚启动时，式(10-8)则简化为式(10-9)。在剪切带边界上，剪切带受到的剪切应力 τ 与抗剪强度 τ_c 之间的关系及压缩应力 σ 与抗压强度 σ_c 之间的关系分别见式(7-1)及式(7-2)。这样，式(10-8)可以进一步表示为

$$\varepsilon_1 = \upsilon \frac{\sigma}{E} + \frac{\sigma_c - \sigma}{cB} w \sin^2 \alpha \cos \alpha \tag{10-10}$$

将 ε_1 对 σ 求导，可得

$$\frac{d\varepsilon_1}{d\sigma} = \frac{\upsilon}{E} - \frac{w \sin^2 \alpha \cos \alpha}{cB} \tag{10-11}$$

根据式(10-11)，有

$$\frac{d\sigma}{d\varepsilon_1} = \left(\frac{\upsilon}{E} - \frac{w \sin^2 \alpha \cos \alpha}{cB} \right)^{-1} \tag{10-12}$$

式(10-12)即为应变软化阶段 $\sigma - \varepsilon_1$ 曲线的斜率。当式(10-12)小于零时，有

$$\frac{\upsilon}{E} < \frac{w \sin^2 \alpha \cos \alpha}{cB} \tag{10-13}$$

此时，应变软化阶段 $\sigma - \varepsilon_1$ 曲线呈现 I 类变形行为。否则，当式(10-12)大于零时，有

$$\frac{\upsilon}{E} > \frac{w \sin^2 \alpha \cos \alpha}{cB} \tag{10-14}$$

此时，应变软化阶段 $\sigma - \varepsilon_1$ 曲线呈现 II 类变形行为。

弹性模量与剪切弹性模量的关系为

$$E = 2G(1+\upsilon) \tag{10-15}$$

因此，式(10-14)也可以表示为

$$\frac{\upsilon \lambda}{2(1+\upsilon)(G+\lambda)} > \frac{w \sin^2 \alpha \cos \alpha}{B} \tag{10-16}$$

应当指出，式(10-10)仅适用于剪切带所在位置试样侧向应变的描述。在应变软化阶段，远离剪切带位置的试样侧向应变仍可用式(10-9)表示。

设试样环向应变为 ε_{cir}，在弹性阶段，有

$$\varepsilon_{\text{cir}} = 2\upsilon\frac{\sigma}{E} \qquad (10\text{-}17)$$

剪切带的塑性剪切变形仅发生在纸面内，换言之，在垂直于纸面方向上没有塑性剪切变形，仅有弹性变形，因此，在应变软化阶段，有

$$\varepsilon_{\text{cir}} = 2\upsilon\frac{\sigma}{E} + \frac{\sigma_{\text{c}} - \sigma}{cB}w\sin^2\alpha\cos\alpha \qquad (10\text{-}18)$$

在应变软化阶段，应力-环向应变曲线同样可呈现 I 类及 II 类变形行为，其条件分别为

$$\frac{\upsilon}{E} < \frac{w\sin^2\alpha\cos\alpha}{2cB} \qquad (10\text{-}19)$$

$$\frac{\upsilon}{E} > \frac{w\sin^2\alpha\cos\alpha}{2cB} \qquad (10\text{-}20)$$

由于 $0 < 2\upsilon < 1$，可以看出，在应变软化阶段，和应力-侧向应变曲线相比，应力-环向应变曲线不易出现 II 类变形行为。

上述分析仅针对一条剪切带贯穿试样两侧面的情形，若出现多条这样的剪切带，应该以 w' 替代剪切带宽度 w，其中

$$w' = nw \qquad (10\text{-}21)$$

式中，n 为剪切带条数；w' 为等效剪切带宽度。

10.2 本构参数及试样尺寸的参数研究

10.2.1 本构参数及剪切带倾角的影响

为了研究剪切带倾角对试样应力-侧向应变曲线的影响，参数取值如下：抗压强度 $\sigma_{\text{c}} = 40\text{MPa}$、内部长度 $l = 0.001\text{m}$、泊松比 $\upsilon = 0.25$、剪切弹塑性模量 $\lambda = 5\text{GPa}$、试样宽度 $B = 0.03\text{m}$、剪切带条数 $n = 1$ 及抗压强度所对应的应变 $\varepsilon_{\text{c}} = \sigma_{\text{c}} / E = 0.002$，计算结果见图 10-2。可以发现，剪切带倾角越小，则试样应力-侧向应变曲线软化段越陡峭，甚至出现快速回跳。

为了研究内部长度对试样应力-侧向应变曲线的影响，参数取值如下：$\sigma_{\text{c}} = 40\text{MPa}$、$\alpha = 30°$、$\upsilon = 0.25$、$\lambda = 5\text{GPa}$、$B = 0.03\text{m}$、$n = 1$ 及 $\varepsilon_{\text{c}} = 0.002$，

计算结果见图 10-3。可以发现，内部长度越小，则试样应力-侧向应变曲线软化段越陡峭，甚至出现快速回跳。

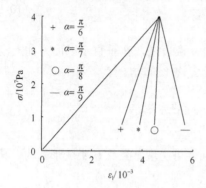

图 10-2　剪切带倾角对试样应力-侧向
　　　　应变曲线的影响

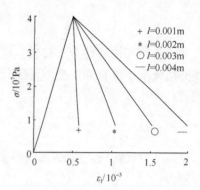

图 10-3　内部长度对试样应力-侧向
　　　　应变曲线的影响

为了研究剪切弹塑性模量对试样应力-侧向应变曲线的影响，参数取值如下：$\sigma_c = 40\text{MPa}$、$\alpha = 30°$、$\upsilon = 0.25$、$l = 0.001\text{m}$、$B = 0.03\text{m}$、$n = 1$ 及 $\varepsilon_c = 0.002$，计算结果见图 10-4。可以发现，剪切弹塑性模量越大，则试样应力-侧向应变曲线软化段越陡峭，甚至出现快速回跳。

为了研究弹性模量对试样应力-侧向应变曲线的影响，参数取值如下：$\sigma_c = 40\text{MPa}$、$\alpha = 30°$、$\upsilon = 0.25$、$l = 0.001\text{m}$、$n = 1$ 及 $B = 0.04\text{m}$，计算结果见图 10-5。可以发现，随着弹性模量的降低，试样应力-侧向应变曲线软化段变陡峭，直至出现快速回跳。此外，显然，弹性模量对峰前应力-侧向应变也有影响。

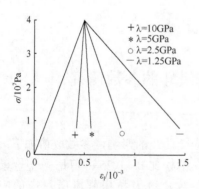

图 10-4　剪切弹塑性模量对试样
　　　　应力-侧向应变曲线的影响

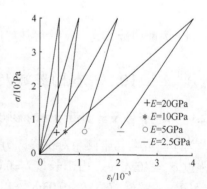

图 10-5　弹性模量对试样应力-侧向
　　　　应变曲线的影响

10.2.2　试样宽度的影响

在剪切应变局部化启动之后，当宽窄不同试样都出现一条剪切带时，为了研究试样宽度对试样应力-侧向应变曲线的影响，参数取值如下：$\sigma_c = 40\text{MPa}$、$l = 0.001\text{m}$、$\upsilon = 0.25$、$\lambda = 5\text{GPa}$、$\alpha = 30°$ 及 $\varepsilon_c = \sigma_c / E = 0.002$，计算结果见图 10-6。由此可见，试样宽度越大，则试样应力-侧向应变曲线软化段越陡峭，甚至出现快速回跳。

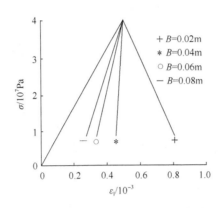

图 10-6　试样宽度对试样应力-侧向应变曲线的影响

在剪切应变局部化启动之后，当宽窄不同试样出现不同条剪切带时，应力-侧向应变曲线软化段将如何呢？要回答这一问题，首先就要确定宽窄不同试样各自剪切带条数。关于这一问题，很难在以往的实验及数值结果中找到规律性的结果。为此，利用式(7-9)，对宽窄不同试样应力-轴向应变曲线进行拟合，得到了宽窄不同试样各自剪切带条数，并由此分析应力-侧向应变曲线的变化规律。

图 10-7 所示为 Hudson 等(1972)的大理岩的实验结果。这些实验结果被广泛承认及引用，弹性及应变软化阶段的直线为利用式(7-9)得到的理论结果。这里，作了两点假设：

(1)对于不同尺寸试样，剪切带条数是整数。

(2)峰前应力-轴向应变关系满足线弹性胡克定律：

$$\sigma = E\varepsilon_a \tag{10-22}$$

在应变软化阶段，根据式(7-8)，有

$$\frac{\mathrm{d}\sigma}{\mathrm{d}\varepsilon_a} = \left(\frac{1}{E} - \frac{w_i' \sin\alpha \cos^2\alpha}{cL} \right)^{-1} \tag{10-23}$$

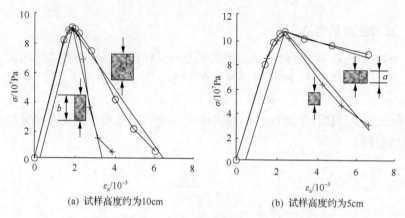

(a) 试样高度约为10cm　　　　　　(b) 试样高度约为5cm

图 10-7　不同尺寸试样应力-轴向应变曲线的实验结果及理论结果

式中，$i=1,2$，$i=1$ 对应于高宽比为 $2:1$ 的试样，$i=2$ 对应于高宽比为 $1:1$ 的试样；w_i' 为等效剪切带宽度，$w_i'=n_i w=2n_i\pi l$，取 $n_i=1$。

由于试样峰后呈现 I 类变形行为，因此，有

$$\frac{\mathrm{d}\sigma}{\mathrm{d}\varepsilon_a}<0 \tag{10-24}$$

令上式左侧的绝对值为 λ_i'，$A=\sin\alpha\cos^2\alpha(cL)^{-1}$，$B=E^{-1}$，则有

$$w_i'=\frac{1+B\lambda_i'}{A\lambda_i'} \tag{10-25}$$

各试样的相对尺寸见图 10-7，其中，a 大致为 5cm，b 大致为 10cm。对于图 10-7(a) 的情形，利用式 (10-25)，可得

$$\frac{1}{n_2}=\frac{w_1'}{w_2'}=\frac{1+B\lambda_1'}{1+B\lambda_2'}\cdot\frac{\lambda_2'}{\lambda_1'} \tag{10-26}$$

有关参数取值如下：$E=55\mathrm{GPa}$、$l=0.001\mathrm{m}$ 及 $\sigma_c=89.4\mathrm{MPa}$。$\lambda_i'$ 由图 10-7(a) 中实测曲线软化段的斜率的绝对值的平均值确定，$\lambda_1'=59.5\mathrm{GPa}$，$\lambda_2'=19.4\mathrm{GPa}$。由此，可以确定 n_2 大致为 2。也就是说，若高宽比为 $2:1$ 的试样剪切带条数为 1，则高宽比为 $1:1$ 的试样剪切带条数为 2。

同理，对于图 10-7(b) 的情形，参数取值如下：$\sigma_c=106\mathrm{MPa}$、$\lambda_1'=5.13\mathrm{GPa}$，$\lambda_2'=1.89\mathrm{GPa}$，其他参数同上。由此，可以确定 n_2 大致为 3。也就是说，若高宽比为 $1:1$ 的试样剪切带条数为 1，则高宽比为 $1:0.5$ 的试样剪切带条数为 3。

高宽比为 2∶1 的试样剪切带条数与高宽比为 1∶1 的试样剪切带条数有何关系呢？若确定了这一关系，则另外两个试样剪切带条数即可完全确定。为了确定此关系，将上述两个试样应力-轴向应变曲线绘于同一图中，再采用式(10-22)及式(10-23)进行拟合，有关参数取值如下：$l = 0.001\text{m}$、$E = 55\text{GPa}$、$\upsilon = 0.25$、$\lambda = 0.73\text{GPa}$、$L_1 / L_2 = 10 / 5 = 2$、$\sigma_\text{c} = 87.5\text{MPa}$、$\sigma_\text{c} = 100.1\text{MPa}$。

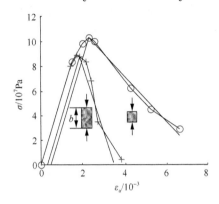

图 10-8　不同高度试样应力-轴向应变曲线的实验结果及理论结果

当取 $n_1 = n_2 = 1$ 时，理论结果与实验结果的对比见图 10-8，二者吻合良好。由此可见，高宽比为 2∶1 的试样剪切带条数与高宽比为 1∶1 的试样剪切带条数是相同的，均为 1 条。因此，图 10-7(a)中高宽比为 1∶1 的试样剪切带条数为 2，图 10-7(b)中高宽比为 1∶0.5 的试样剪切带条数为 3。

下面，利用式(10-10)来计算试样应力-侧向应变曲线。将式(10-10)改写为

$$\varepsilon_{\text{l}i} = \upsilon \frac{\sigma}{E} + 2n_i \pi l \sin^2 \alpha \cos \alpha \frac{\sigma_\text{c} - \sigma}{cB_i} \qquad (10\text{-}27)$$

式中，n_i 及 B_i 分别为试样剪切带条数及试样宽度。

对于图 10-7(a)，$B_1 = 5\text{cm}$、$B_2 = 10\text{cm}$、$n_1 = 1$ 及 $n_2 = 3$。对于图 10-7(b)，$B_1 = 5\text{cm}$、$B_2 = 10\text{cm}$、$n_1 = 1$ 及 $n_2 = 2$。

根据式(10-27)，得到的不同尺寸试样应力-侧向应变曲线分别见图 10-9(a)及(b)。

在图 10-9(a)中，以"+"标记高宽比为 1∶2 的试样剪切带条数为 1 时的理论结果。在图 10-9(b)中，以"+"标记的直线为高宽比为 1∶1 的试样剪切带条数为 1 时的理论结果。这两种情形的剪切带条数均为 1，是不合理的。在此，一并绘出的目的是为了和正确情形做一对比。

由此可见：

(1)在图 10-9(a)中，随着试样宽度的增加，试样应力-侧向应变曲线软化段变平缓。

(2)在图 10-9(b)中，试样应力-侧向应变曲线软化段不随着试样宽度而改变，这不同于结果(1)。

(3)剪切带条数 n_i 与试样宽度 B_i 之比是决定试样应力-侧向应变曲线软化段特征的关键指标。若该比率为常量，见式(10-28)，则应力-侧向应变曲线软化段不具有尺寸效应。

$$\frac{n_i}{B_i} = \text{constant} \tag{10-28}$$

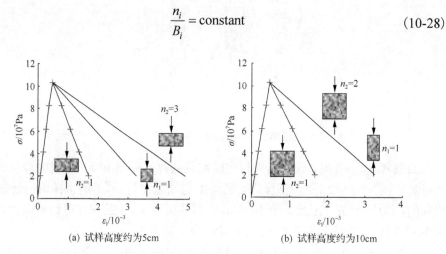

(a) 试样高度约为5cm (b) 试样高度约为10cm

图 10-9 不同尺寸试样应力-侧向应变曲线的理论结果

10.2.3 关于侧向塑性应变及快速回跳的讨论

1. 侧向塑性应变的原因

侧向塑性应变被认为是由剪切应变局部化引起的。轴向劈裂也会引起侧向应变，但轴向劈裂却不会改变轴向应变。因此，由试样应力-轴向应变曲线反算出的试样应力-侧向应变曲线也不会包括轴向劈裂的影响。

2. 尺寸效应的普遍性

严格满足式(10-28)比较困难。因此，通常，试样应力-侧向应变曲线具有尺寸效应。该曲线软化段不是材料的本构参数，而是材料的本构参数与试样的几何尺寸共同作用的结果。

3. 侧向应变的快速回跳

针对准脆性材料试样单轴压缩条件下的众多实验结果表明，应力-应变曲线软化段可能呈现快速回跳。此外，在扭转及三点弯等实验中也可观测到快速回跳。然而，似乎单轴压缩试样应力-侧向应变曲线的快速回跳非常少见。这可能与较大的侧向变形有关（包括劈裂引起的）。

10.3 体积应变及纯体积应变的解析式

10.3.1 体积应变的解析式

由试样轴向应变及侧向应变计算得到的体积应变 ε_v 可以表示为

$$\varepsilon_v = \frac{\sigma}{E} - 2\upsilon\frac{\sigma}{E} - \frac{w\sin\alpha\cos\alpha(\sigma_c - \sigma)}{c} \cdot \left(\frac{\cos\alpha}{L} - \frac{\sin\alpha}{B}\right) = \varepsilon_v^e + \varepsilon_v^p \quad (10\text{-}29)$$

式中，ε_v^e 及 ε_v^p 分别为弹性及塑性体积应变。

参数取值如下：弹性模量 $E = 1.3\times10^9\,\text{Pa}$、泊松比 $\upsilon = 0.15$、剪切带宽度 $w = 0.015\,\text{m}$、软化模量 $c = 5\times10^7\,\text{Pa}$、剪切带倾角 $\alpha = 40°$、试样高度 $L = 0.1\,\text{m}$、试样宽度 $B = 0.05\,\text{m}$ 及抗压强度 $\sigma_c = 3.2\times10^7\,\text{Pa}$。计算得到的压缩应力 σ 与体积应变 ε_v 之间的关系见图 10-10。可以发现，在弹性阶段，随着 σ 的增加，试样的体积逐渐减小；在应变软化阶段，随着 σ 的降低，试样的体积持续增加；当 σ 降至 20MPa 时，试样的体积与初始体积相同；当 σ 低于 20MPa 时，试样的体积超过初始体积，这一现象也可从图 10-11 给出的轴向应变 ε_a 与体积应变 ε_v 之间的关系中观察到。

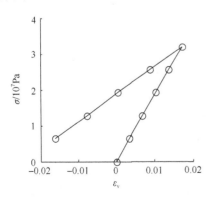

图 10-10　试样应力-体积应变曲线

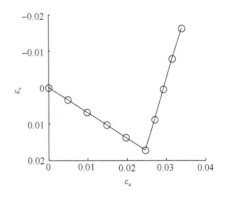

图 10-11　试样体积应变-轴向应变曲线

本书中试样的体积应变依赖于试样的几何尺寸，所以，试样应力-体积应变曲线软化段的斜率并非材料的本构参数。

10.3.2　纯体积应变的解析式

对于单轴压缩试样，在弹性阶段，体积应变可以表示为

$$\varepsilon_v^e = \varepsilon_1 + 2\varepsilon_2 \tag{10-30}$$

式中，ε_1 为轴向压缩应变（为正）；ε_2 为侧向拉伸应变（为负）。因此，式(10-30)可以进一步表示为

$$\varepsilon_v^e = \frac{\sigma}{E} - 2\upsilon\frac{\sigma}{E} \tag{10-31}$$

式中，υ 为泊松比。

在应变软化阶段，强烈的剪切应变集中于剪切带内部，既有或新生微裂纹张开、扩展将引起剪切带体积的增加。假设扩容仅发生在剪切带的法线上。

根据文献(Ord et al.，1991；Bardet and Proube，1992)，可以采用下式描述剪切带的平均塑性剪切应变 γ^p 与塑性体积应变 ε_v^p 之间的关系：

$$\sin\psi = -\frac{\varepsilon_v^p}{\gamma^p} \tag{10-32}$$

将式(2-1)代入式(10-32)，可得

$$\varepsilon_v^p = -\frac{\tau_c - \tau}{c}\sin\psi \tag{10-33}$$

在应变软化阶段，体积应变可以表示为

$$\varepsilon_v = \varepsilon_v^e + \varepsilon_v^p = \frac{\sigma}{E} - 2\upsilon\frac{\sigma}{E} - \sin\psi\frac{\tau_c - \tau}{c} \tag{10-34}$$

考虑到式(7-1)及式(7-2)，式(10-34)可以进一步表示为

$$\varepsilon_v = \frac{\sigma}{E} - 2\upsilon\frac{\sigma}{E} - \frac{\sin\psi\sin 2\alpha(\sigma_c - \sigma)}{2c} \tag{10-35}$$

为了与第 10.3.1 节中由试样轴向应变及侧向应变计算得到的试样体积应变相区别，可以将本节中的体积应变称为试样纯体积应变，试样体积称为纯体积。试样纯体积应变等于剪切带剪胀引起的塑性体积应变与试样的弹性体积应变之和。

试样应力-纯体积应变曲线软化段的斜率仅和弹性模量、泊松比、扩容角、软化模量及剪切带倾角有关，与结构尺寸无关。

10.3.3　应力-纯体积应变曲线的参数研究

不同扩容角时试样应力-纯体积应变曲线见图 10-12(a)，参数取值如下：$G = 2\text{GPa}$、$\upsilon = 0.25$、$\lambda = G$、$\alpha = \pi / 6$ 及 $\sigma_c = 5\text{MPa}$。可以发现，在弹性阶段，随着轴向压缩应力的增加，试样体积一直缩小，在峰值强度，试样体积达到最小值；在应变软化阶段，随着试样承载能力的降低，试样纯体积不断增加；试样应力-纯体积应变关系呈线性。当压缩应力相同时，扩容角越大，则试样纯体积越大，这一结果的正确性是显而易见的。

不同剪切弹塑性模量时试样的应力-纯体积应变曲线见图 10-12(b)，参数取值如下：$G = 2\text{GPa}$、$\upsilon = 0.25$、$\psi = \pi / 4$、$\alpha = \pi / 6$ 及 $\sigma_c = 5\text{MPa}$。剪切弹塑性模量越大代表材料的脆性越强，所以，软化阶段试样纯体积变化越不明显。

不同泊松比时试样应力-纯体积应变曲线见图 10-12(c)，参数取值如下：$G = 2\text{GPa}$、$\lambda = G$、$\psi = \pi / 4$、$\alpha = \pi / 6$ 及 $\sigma_c = 5\text{MPa}$。由此可见，泊松比对试

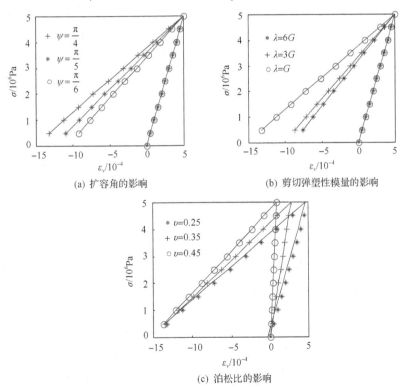

(a) 扩容角的影响　　　　　　　　　(b) 剪切弹塑性模量的影响

(c) 泊松比的影响

图 10-12　三种因素对试样应力-纯体积应变曲线的影响

样应力-纯体积应变曲线峰前及峰后均有影响，泊松比越大，则应力-纯体积应变曲线越陡峭。此外，由图 10-12(c)还可发现，在应变软化阶段，不同泊松比时试样应力-纯体积应变曲线汇交于同一点，这说明剪切带剪胀引起的塑性体积应变与泊松比无关。

实验及理论结果都表明，试样应力-轴向应变曲线软化段具有尺寸效应。本节的研究表明，试样应力-纯体积应变曲线却不具有尺寸效应(不考虑剪切带倾角等参数的尺寸效应)。需要指出，本节中的塑性体积应变是由剪切带剪胀引起的。因此，和试样应力-轴向应变曲线不同，应力-纯体积应变曲线仅是由材料的本构参数决定的，其中不包含试样或结构的尺寸因素。

本节的研究还表明，试样应力-纯体积应变曲线与剪切带宽度或材料的内部长度无关。这意味着，在其他条件相同的情况下，由不同质地的材料构成的试样将具有相同的应力-纯体积应变曲线。

10.4 本 章 小 结

在应变软化阶段，单轴压缩剪切破坏试样侧向(或环向)应变包括弹性及塑性部分。在应变软化阶段，试样应力-侧向应变曲线可能出现快速回跳；和应力-侧向应变曲线相比，应力-环向应变曲线不易发生快速回跳。若试样出现多条剪切带，则应以等效剪切带宽度替代剪切带宽度。

在应变软化阶段，对剪切带所在位置试样侧向应变及其他位置侧向应变的描述应采用不同的公式。单轴压缩条件下的实验结果(周国林等，2001)、平面应变条件下的实验结果(董建国等，2001a，2001b)及平面应变压缩条件下的数值模拟结果(王学滨等，2002)都表明，剪切带所在位置试样侧向应变与其他位置侧向应变并不相同，但剪切带所在位置试样侧向应变基本相同。

试样应力-侧向应变曲线软化段的斜率与试样的结构尺寸、剪切带倾角及材料的本构参数有关。随着剪切带倾角、内部长度和弹性模量的降低，或材料脆性的增加，应力-侧向应变曲线软化段变陡峭，甚至出现快速回跳。

提出了利用不同尺寸试样应力-轴向应变曲线得到试样应力-侧向应变曲线的一种方法。剪切带条数与试样宽度之比是决定试样应力-侧向应变曲线特征的关键指标。若该比值为常量，则该曲线不具有尺寸效应。

在剪切带启动之后，当宽窄不同试样出现一条剪切带时，试样越宽，则应力-侧向应变曲线软化段越陡峭，甚至发生快速回跳。试样应力-侧向应变曲线具有尺寸效应的原因是应变局部化，但是，应变局部化并非总引起尺寸效应。研究试样应力-侧向应变曲线尺寸效应的方法，同样适用于试样应力-环向应变曲线尺寸效应研究。

试样轴向应变依赖于试样高度，试样侧向应变依赖于试样宽度。因而，通过试样轴向应变及侧向应变计算得到的试样体积应变必然依赖于试样的几何尺寸。因此，试样应力-体积应变曲线软化段的斜率的绝对值并非材料的本构参数。纯塑性体积应变是由剪切带剪胀引起的。试样应力-纯体积应变曲线不具有尺寸效应，与剪切应变局部化带宽度无关，但扩容角、脆性、剪切带倾角及泊松比都对该曲线有重要的影响。

第11章 单轴压缩剪切破坏试样轴向、侧向变形及稳定性分析

提出了单轴压缩剪切破坏试样侧向失稳及快速回跳的概念。在单轴压缩剪切破坏条件下，对试样轴向快速回跳与侧向快速回跳之间的关系进行了研究。将试样应力-轴向应变曲线、应力-侧向应变曲线及侧向应变-轴向应变曲线的理论结果与前人混凝土的实验结果进行了比较，验证了理论结果的正确性。研究了峰后泊松比随着压缩应力变化的规律，解释了有些峰后泊松比大于 0.5 的实验现象。计算了剪切带塑性变形消耗的能量。根据能量守恒原理，计算了压缩应力所做的功。通过将剪切带边界上剪力的分解，计算了试样侧向及轴向塑性位移消耗的能量，对二者之间的关系进行了讨论。根据刚度比理论，对试样轴向及侧向变形的稳定性进行了分析，提出了两个方向失稳判据的解析式。

11.1 轴向快速回跳与侧向快速回跳之间的关系

11.1.1 轴向快速回跳与侧向快速回跳的条件

见式(7-3)、式(7-6)及式(7-7)，对于单轴压缩剪切破坏试样，轴向应变 ε_a 可以表示为

$$\varepsilon_a = \frac{\sigma}{E} + \frac{\sigma_c - \sigma}{cL} w \sin\alpha \cos^2\alpha \tag{11-1}$$

式中，E 为弹性模量；σ_c 为单轴抗压强度；c 为软化模量；L 为试样高度；w 为剪切带宽度；$w = 2\pi l$，l 为内部长度；α 为剪切带倾角；σ 为压缩应力。

见式(10-10)，侧向应变 ε_l 的解析式可以表示为

$$\varepsilon_l = -\upsilon \frac{\sigma}{E} - \frac{\sigma_c - \sigma}{cB} w \sin^2\alpha \cos\alpha \tag{11-2}$$

式中，υ 为泊松比；B 为试样宽度。

应当指出，这里已设试样侧向膨胀为负。

根据式(11-2)，试样侧向不快速回跳（$\mathrm{d}\varepsilon_l / \mathrm{d}\sigma > 0$）及快速回跳（$\mathrm{d}\varepsilon_l / \mathrm{d}\sigma < 0$）的条件分别为

$$\frac{\upsilon}{E} < \frac{w\sin^2\alpha\cos\alpha}{cB} \tag{11-3}$$

$$\frac{\upsilon}{E} > \frac{w\sin^2\alpha\cos\alpha}{cB} \tag{11-4}$$

侧向快速回跳是指单轴压缩剪切破坏试样侧向弹性应变的恢复快于侧向塑性应变的增加的现象。

根据式(11-1)，试样轴向不快速回跳（$\mathrm{d}\varepsilon_a/\mathrm{d}\sigma < 0$）及快速回跳（$\mathrm{d}\varepsilon_a/\mathrm{d}\sigma > 0$）的条件分别为

$$\frac{1}{E} < \frac{w\sin\alpha\cos^2\alpha}{cL} \tag{11-5}$$

$$\frac{1}{E} > \frac{w\sin\alpha\cos^2\alpha}{cL} \tag{11-6}$$

为表述方便起见，设

$$A = \frac{Ew\sin\alpha\cos\alpha}{c} \tag{11-7}$$

由于 $\alpha < 45°$，因此，有

$$\cos\alpha > \sin\alpha \tag{11-8}$$

11.1.2　轴向快速回跳与侧向快速回跳之间的关系

1. 当 $L \leqslant \upsilon B$ 时

当试样轴向快速回跳时，有

$$\frac{A}{L}\cos\alpha < 1 \tag{11-9}$$

根据式(11-8)及 $L \leqslant \upsilon B$，可得

$$1 > \frac{A}{L}\cos\alpha \geqslant \frac{A}{\upsilon B}\sin\alpha \tag{11-10}$$

因此，当 $L \leqslant \upsilon B$，若试样轴向快速回跳，则侧向快速回跳。

当试样侧向不快速回跳时，有

$$\frac{A}{\upsilon B}\sin\alpha > 1 \tag{11-11}$$

根据式(11-8)及 $L \leqslant \upsilon B$，可得

$$\frac{A}{L}\cos\alpha \geqslant \frac{A}{\upsilon B}\sin\alpha > 1 \tag{11-12}$$

因此，当 $L \leqslant \upsilon B$，若试样侧向不快速回跳，则轴向不快速回跳。

2. 当 $L > \upsilon B$ 且 $\tan\alpha \leqslant \upsilon B / L$ 时

当试样轴向快速回跳时，见式(11-9)，可以得到与式(11-10)相同的不等式。因此，当 $L > \upsilon B$ 且 $\tan\alpha \leqslant \upsilon B / L$ 时，若试样轴向快速回跳，则侧向快速回跳。

当试样侧向不快速回跳时，见式(11-11)，可以得到与式(11-12)相同的不等式。因此，当 $L > \upsilon B$ 且 $\tan\alpha \leqslant \upsilon B / L$ 时，若试样侧向不快速回跳，则轴向不快速回跳。

3. 当 $L > \upsilon B$ 且 $\tan\alpha > \upsilon B / L$ 时

当试样轴向不快速回跳时，有

$$\frac{A}{L}\cos\alpha > 1 \tag{11-13}$$

可得

$$1 < \frac{A}{L}\cos\alpha < \frac{A}{\upsilon B}\sin\alpha \tag{11-14}$$

这说明，若试样轴向不快速回跳，则侧向不快速回跳。

当试样侧向快速回跳时，有

$$\frac{A}{\upsilon B}\sin\alpha < 1 \tag{11-15}$$

可得

$$\frac{A}{L}\cos\alpha < \frac{A}{\upsilon B}\sin\alpha < 1 \tag{11-16}$$

这说明，若试样侧向快速回跳，则轴向就快速回跳。

4. 试样尺寸对快速回跳的影响

为了表述方便起见，令 $x = L > 0$，$y = \upsilon B > 0$。直线 $y = x$ 将坐标系 xoy 第一

象限划分为面积相等的两部分(图 11-1)。由此可见:

(1) 在 $y \geq x$ 的区域,若试样轴向快速回跳,则侧向快速回跳;

(2) 在 $y < x$ 的区域,直线 $y = x\tan\alpha = kx$ 将其划分为两个区域,在 $y < x$ 且 $y \geq x\tan\alpha$ 的区域,若试样轴向快速回跳,则侧向快速回跳;在 $y < x$ 且 $y < x\tan\alpha$ 的区域,若试样侧向快速回跳,则轴向快速回跳。

上述分析结果的示意图如图 11-1 所示。

因此,若试样轴向快速回跳,则侧向快速回跳的区域 Ω_1 可以表示为

$$\Omega_1 = \{(x,y) \mid y \geq kx\} \tag{11-17}$$

若试样侧向快速回跳,则轴向快速回跳的区域 Ω_2 可以表示为

$$\Omega_1 = \{(x,y) \mid y < kx\} \tag{11-18}$$

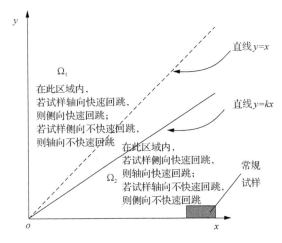

图 11-1 试样轴向与侧向同时快速回跳区域示意图

在实验室中,通常试样的高径比大于 $2:1$,泊松比 $\upsilon < 0.5$。因此,对于常规试样,若侧向快速回跳,则轴向快速回跳。常规试样的所占区域为图 11-1 的右下角。

在应变软化阶段,根据轴向及侧向是否发生快速回跳,可将试样的轴向应变-侧向应变曲线划分为 4 种类型,见图 11-2。图中线段 ob 表示弹性阶段。

图 11-2 中,区域 $oabc$ 为轴向快速回跳且侧向快速回跳区域,其条件为

$$\frac{A}{L}\cos\alpha < 1 \text{ 且 } \frac{A}{\upsilon B}\sin\alpha < 1 \tag{11-19}$$

轴向快速回跳且侧向不快速回跳的条件为

$$\frac{A}{L}\cos\alpha < 1 \text{ 且 } \frac{A}{\upsilon B}\sin\alpha > 1 \tag{11-20}$$

轴向不快速回跳且侧向不快速回跳的条件为

$$\frac{A}{L}\cos\alpha > 1 \text{ 且 } \frac{A}{\upsilon B}\sin\alpha > 1 \tag{11-21}$$

轴向不快速回跳且侧向快速回跳的条件为

$$\frac{A}{L}\cos\alpha > 1 \text{ 且 } \frac{A}{\upsilon B}\sin\alpha < 1 \tag{11-22}$$

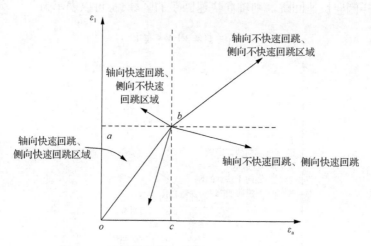

图 11-2　试样轴向应变-侧向应变曲线的 4 种类型

11.2　轴向应变、侧向应变及峰后泊松比

11.2.1　轴向应变-侧向应变曲线的实验验证

这里，完全遵循下列符号约定：侧向应变 $\varepsilon_l < 0$ 对应于侧向膨胀；$\varepsilon_l > 0$ 对应于侧向收缩；轴向应变 $\varepsilon_a < 0$ 对应于轴向拉伸；$\varepsilon_a > 0$ 对应于轴向压缩。重写式 (11-2)：

$$\varepsilon_l = -\upsilon\frac{\sigma}{E} - \frac{\sigma_c - \sigma}{cB}w\sin^2\alpha\cos\alpha \tag{11-23}$$

应当指出，式 (11-23) 仅适用于剪切带所在位置试样侧向应变的描述。在应变软化阶段，在上述区域之外，试样侧向应变可用胡克定律描述。

还应当指出，式(11-23)仅适用于应变软化阶段垂直于面 1 方向的侧向应变的描述，见图 11-3(a)。在垂直于面 2 方向上，不认为有侧向塑性应变，仅有侧向弹性应变。

李兆霞等(1996)给出了单轴压缩条件下混凝土试样应力-轴向应变曲线及应力-侧向应变曲线的实验结果。为模拟该实验结果，所需参数取为：$E = 1.32 \times 10^9 \mathrm{Pa}$、$\upsilon = 0.15$、$w = 0.02 \mathrm{m}$、$c = 2.1 \times 10^7 \mathrm{Pa}$、$\alpha = 41°$、$L = 0.12 \mathrm{m}$、$B = 0.08 \mathrm{m}$ 及 $\sigma_\mathrm{c} = 3.23 \times 10^7 \mathrm{Pa}$。

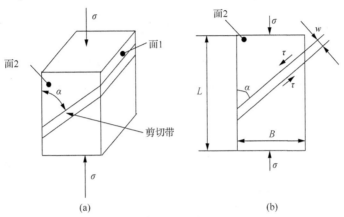

图 11-3　单轴压缩剪切破坏试样的力学模型

两种理论结果与实验结果的对比分别见图 11-4(a) 及 (b)。根据上述实验结果(李兆霞等，1996)，作出侧向应变-轴向应变曲线，并与理论结果进行对比，见图 11-5。

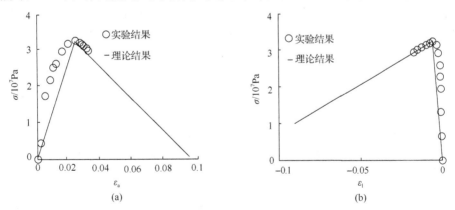

图 11-4　应力-轴向应变曲线及应力-侧向应变曲线的理论结果
与实验结果(李兆霞等，1996)的对比

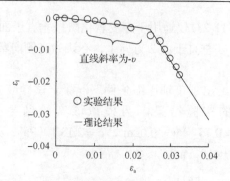

图 11-5　侧向应变-轴向应变曲线的理论结果与实验结果(李兆霞等，1996)的对比

由此可见，试样应力-轴向应变曲线、应力-侧向应变曲线及侧向应变-轴向应变曲线的理论结果均能与上述的实验结果吻合，这一点以往的力学模型一般难以做到。

11.2.2　峰后泊松比

设峰后泊松比为 v_{p}。为区别起见，下文中 v 称为峰前泊松比。根据式(11-1)及式(11-23)，v_{p} 的表达式为

$$v_{\mathrm{p}} = -\frac{\varepsilon_{\mathrm{l}}}{\varepsilon_{\mathrm{a}}} = \frac{v\dfrac{\sigma}{E} + \dfrac{\sigma_{\mathrm{c}} - \sigma}{cB}w\sin^2\alpha\cos\alpha}{\dfrac{\sigma}{E} + \dfrac{\sigma_{\mathrm{c}} - \sigma}{cL}w\sin\alpha\cos^2\alpha} \tag{11-24}$$

由式(11-24)可以看出，当 $\sigma = \sigma_{\mathrm{c}}$ 时，$v_{\mathrm{p}} = v$，即在抗压强度被达到时，侧向应变与轴向应变的比值的绝对值仍为峰前泊松比。

当 $\sigma = 0$ 时，$v_{\mathrm{p}} = v_{\mathrm{p}}^0$，$v_{\mathrm{p}}^0$ 称为极限或临界峰后泊松比，有

$$v_{\mathrm{p}}^0 = \frac{L}{B}\tan\alpha \tag{11-25}$$

通常，在各种规范中，单轴压缩试样的高宽比(L/B)都要求大于 2，这里取 L/B 为 2；实测剪切带倾角通常为 $\alpha \leqslant 35°$。由此，可计算出 $v_{\mathrm{p}}^0 \leqslant 1.4$。这样，在通常情况下，峰后泊松比的范围为

$$0 \leqslant v_{\mathrm{p}} \leqslant 1.4 \tag{11-26}$$

因此，峰后泊松比超过 0.5 的现象(徐志伟和殷宗泽，2000；朱建明等，2001)是可能的。将式(11-24)对压缩应力 σ 求一阶导数，可以得到

$$\frac{\mathrm{d}v_{\mathrm{p}}}{\mathrm{d}\sigma} = \frac{w\sigma_{\mathrm{c}}\sin\alpha\cos\alpha}{Ec\varepsilon_{\mathrm{a}}^{2}}\left(\upsilon\frac{\cos\alpha}{L} - \frac{\sin\alpha}{B}\right) \tag{11-27}$$

由式(11-27)可以看出，当

$$\tan\alpha > \frac{\upsilon B}{L} \tag{11-28}$$

随着 σ 的降低，v_{p} 增加。随着 σ 的降低，v_{p} 降低的条件及 v_{p} 保持为常量的条件分别见式(11-29)及式(11-30)：

$$\tan\alpha < \frac{\upsilon B}{L} \tag{11-29}$$

$$\tan\alpha = \frac{\upsilon B}{L} \tag{11-30}$$

若式(11-30)满足，有

$$v_{\mathrm{p}}^{0} = \upsilon \tag{11-31}$$

这说明，若式(11-30)成立，则峰后泊松比与峰前泊松比相等，峰后泊松比不随着 σ 的降低而改变。

众所周知，在弹性阶段，峰前泊松比 υ 通常可看作一个材料常数(不考虑尺寸效应)，不随着 σ 的增加而改变。但在应变软化阶段，对于某一试样，精确满足式(11-30)很难，所以，峰后泊松比 v_{p} 通常将随着 σ 的降低而改变，不仅如此，它还和试样的结构尺寸有关，并不是一个材料常数，这与峰前泊松比有很大不同。

由式(11-27)可以看出，通常，$v_{\mathrm{p}} - \sigma$ 曲线是单调且非线性的，除非式(11-30)得到满足。上文已指出，若式(11-30)满足，$v_{\mathrm{p}} - \sigma$ 曲线将变成一条水平直线。

若随着 σ 的降低，峰后泊松比 v_{p} 增加，则意味着侧向应变的增加快于轴向应变。反之，则意味着侧向应变的增加慢于轴向应变。

将式(11-27)再对 σ 求一次导数，可以得到

$$\frac{\mathrm{d}^{2}v_{\mathrm{p}}}{\mathrm{d}\sigma^{2}} = -\frac{2w\sigma_{\mathrm{c}}\sin\alpha\cos\alpha}{Ec\varepsilon_{\mathrm{a}}^{3}}C_{1}\cdot C_{2} \tag{11-32}$$

参数 C_{1}、C_{2} 分别为

$$C_{1} = \upsilon\frac{\cos\alpha}{L} - \frac{\sin\alpha}{B} \tag{11-33}$$

$$C_2 = \frac{1}{E} - \frac{w \sin\alpha \cos^2\alpha}{cL} \qquad (11\text{-}34)$$

可以看出，若式(11-28)满足，且

$$C_2 > 0 \qquad (11\text{-}35)$$

则有 $\mathrm{d}^2 v_\mathrm{p} / \mathrm{d}\sigma^2 > 0$，这说明，$v_\mathrm{p} - \sigma$ 曲线是上凹的。同理，若随着 σ 的降低，v_p 增加，且 $C_2 < 0$，则有 $\mathrm{d}^2 v_\mathrm{p} / \mathrm{d}\sigma^2 < 0$，$v_\mathrm{p} - \sigma$ 曲线是上凸的。

若随着 σ 的降低，v_p 降低 $(C_1 > 0)$，且 $C_2 < 0$，则 $v_\mathrm{p} - \sigma$ 曲线是上凹的。若随着 σ 的降低，v_p 降低 $(C_1 > 0)$，且 $C_2 > 0$，则 $v_\mathrm{p} - \sigma$ 曲线是上凸的。$v_\mathrm{p} - \sigma$ 曲线的示意图见图 11-6。

若 $C_2 = 0$，即 $\mathrm{d}^2 v_\mathrm{p} / \mathrm{d}\sigma^2 = 0$，则 $v_\mathrm{p} - \sigma$ 曲线可能是上凸的，也可能是上凹的。

由式(11-32)还可看出，若 C_1、C_2 是同号的，则 $v_\mathrm{p} - \sigma$ 曲线是上凸的。反之，$v_\mathrm{p} - \sigma$ 曲线是上凹的。

在应变软化阶段，$v_\mathrm{p} - \sigma$ 曲线可能是上凸的，也可能是上凹的，因此，临界峰后泊松比可能比峰前泊松比大，也可能比峰前泊松比小，当然也可能等于峰前泊松比。

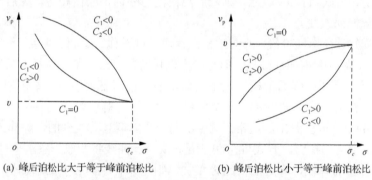

(a) 峰后泊松比大于等于峰前泊松比　　　　(b) 峰后泊松比小于等于峰前泊松比

图 11-6　峰后泊松比与压缩应力之间的关系

11.3　轴向及侧向变形的耗散能量及稳定性

11.3.1　剪切带塑性剪切变形消耗的能量

倾斜剪切带的塑性剪切变形消耗的能量为

$$V = \frac{A_0 w}{\sin\alpha} \int \tau \mathrm{d}\bar{\gamma}^\mathrm{p} = -\frac{A_0 w}{c \sin\alpha} \int_{\tau_\mathrm{c}}^{\tau} \tau \mathrm{d}\tau = \frac{A_0 w}{2c \sin\alpha} (\tau_\mathrm{c}^2 - \tau^2) \qquad (11\text{-}36)$$

式中，$A_0 w / \sin\alpha$ 为剪切带的体积；$A_0 / \sin\alpha$ 为剪切带的面积；A_0 为试样的横截面面积；τ 为剪切应力；τ_c 为抗剪强度；α 为剪切带倾角；w 为剪切带宽度；c 为软化模量；$\bar{\gamma}^p$ 为平均塑性剪切应变。

在应变软化阶段，试样被划分为两部分：剪切带和带外弹性体。弹性体不消耗能量。剪切带的弹性变形也不消耗能量。根据式(7-1)及式(7-2)及式(11-36)，可得

$$V = \frac{wA_0 \sin\alpha \cos^2\alpha (\sigma_c^2 - \sigma^2)}{2c} \tag{11-37}$$

式中，σ_c 为单轴抗压强度；σ 为应变软化阶段试样受到的压缩应力。

在图 11-7 中，$o\text{-}c\text{-}b\text{-}e\text{-}o$ 所围面积为剪切带单位体积的塑性剪切应变能 V'（塑性剪切应变能密度）。

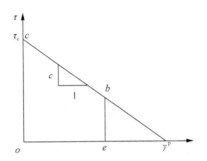

图 11-7　剪切带单位体积的塑性剪切应变能

11.3.2　压缩应力做的功

根据能量守恒原理，压缩应力 σ 对试样所做的功等于试样的应变能。将外力所做的功划分为弹性功和塑性功 W。而且，认为弹性功全部转化为试样的弹性应变能；塑性功全部转化为剪切带的耗散能(或塑性剪切应变能) V：

$$W = V \tag{11-38}$$

在图 11-8 中，$o\text{-}c\text{-}b\text{-}e\text{-}o$ 所围的面积为单位体积的功 W'，随着 σ 的降低，W' 增加；E 为弹性模量；λ' 为单轴压缩条件下试样应力-应变曲线软化段的斜率的绝对值（实测软化模量），它不是材料的本构参数。因此，有

$$W' = V' \tag{11-39}$$

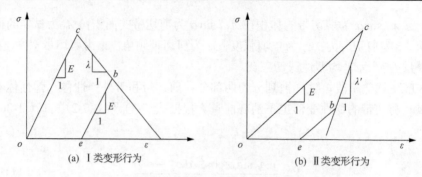

图 11-8　单轴压缩试样应力-轴向应变曲线的两种类型

应当指出，计算塑性剪切应变能所需要的体积是剪切带的体积，而计算外力功所需要的体积是试样的体积。

11.3.3　剪切带引起的试样侧向及轴向塑性位移耗散的能量

1. 剪切带上剪力的分解

在应变软化阶段，剪切带消耗的总能量由式(11-37)~式(11-39)确定。那么，剪切带引起的试样侧向及轴向塑性位移消耗的能量各是多少？二者之间的关系如何？二者与剪切带消耗的总能量或外力所做的塑性功的关系怎样？下面，将探讨这些问题。

将剪切带与带外弹性体交界处的剪力 $Q = A_0\tau / \sin\alpha$ 分解为水平方向的分力 $Q_x = A_0\tau$ 和垂直方向的分力 $Q_y = A_0\tau / \tan\alpha$，见图 11-9。

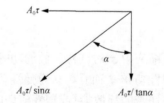

图 11-9　剪切带上剪力及其分解

根据式(7-1)及式(7-2)，可得

$$Q_x = \frac{\sigma A_0}{2}\sin 2\alpha \tag{11-40}$$

$$Q_y = \frac{\sigma A_0}{2}\cdot\frac{\sin 2\alpha}{\tan\alpha} \tag{11-41}$$

设式(11-40)及式(11-41)的最大值分别为 Q_x^c 和 Q_y^c，因此，有

$$Q_x^c = \frac{\sigma_c A_0}{2} \sin 2\alpha \tag{11-42}$$

$$Q_y^c = \frac{\sigma_c A_0}{2} \cdot \frac{\sin 2\alpha}{\tan \alpha} \tag{11-43}$$

2. 剪切带引起的试样侧向塑性位移消耗的能量

可以认为，剪切带引起的试样侧向塑性位移根源于剪切带的剪切滑动在水平方向上的分量。剪切带的剪切位移为 $\bar{\gamma}^p w$，因此，侧向塑性位移可以表示为

$$u_s = \frac{\sigma_c - \sigma}{c} w \sin^2 \alpha \cos \alpha \tag{11-44}$$

侧向塑性位移的最大值 u_s^m 为

$$u_s^m = \frac{\sigma_c}{c} w \sin^2 \alpha \cos \alpha \tag{11-45}$$

从式(11-40)解出 σ，代入式(11-44)，可得

$$Q_x = \frac{A_0 \sin 2\alpha}{2} \left(\sigma_c - \frac{cu_s}{w \sin^2 \alpha \cos \alpha} \right) \tag{11-46}$$

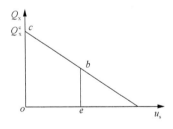

图 11-10 剪切带上水平剪力与剪切带引起的试样侧向塑性位移之间的关系

可以看出，$Q_x - u_s$ 关系呈线性，如图 11-10 所示。在图 11-10 中，o-c-b-e-o 所围的面积即为剪切带引起的试样侧向塑性位移消耗的能量，设为 V_x：

$$V_x = \frac{1}{2} Q_x^c u_s^m - \frac{Q_x}{2} (u_s^m - u_s) \tag{11-47}$$

将 Q_x^c、u_s^m、Q_x 及 u_s 代入式(11-47)，可得

$$V_{\mathrm{x}} = \frac{\sigma_{\mathrm{c}}^2 - \sigma^2}{4c} A_0 w \sin 2\alpha \sin^2 \alpha \cos \alpha \qquad (11\text{-}48)$$

3. 剪切带引起的试样轴向塑性位移消耗的能量

同理，剪切带引起的试样轴向塑性位移根源于沿剪切带的剪切滑移在竖直方向的分量。因此，轴向塑性位移为

$$\delta_{\mathrm{s}} = \frac{\sigma_{\mathrm{c}} - \sigma}{c} w \sin \alpha \cos^2 \alpha \qquad (11\text{-}49)$$

轴向塑性位移的最大值 $\delta_{\mathrm{s}}^{\mathrm{m}}$ 为

$$\delta_{\mathrm{s}}^{\mathrm{m}} = \frac{\sigma_{\mathrm{c}}}{c} w \sin \alpha \cos^2 \alpha \qquad (11\text{-}50)$$

从式(11-41)解出 σ，代入式(11-49)，可得

$$Q_{\mathrm{y}} = \frac{A_0 \sin 2\alpha}{2 \tan \alpha} \left(\sigma_{\mathrm{c}} - \frac{c\delta_{\mathrm{s}}}{w \sin \alpha \cos^2 \alpha} \right) \qquad (11\text{-}51)$$

可以看出，$Q_{\mathrm{y}} - \delta_{\mathrm{s}}$ 呈线性关系，见图 11-11。图中，$o\text{-}c\text{-}b\text{-}e\text{-}o$ 所围的面积即为剪切带引起的试样轴向塑性位移消耗的能量，设为 V_{y}：

$$V_{\mathrm{y}} = \frac{1}{2} Q_{\mathrm{y}}^{\mathrm{c}} \delta_{\mathrm{s}}^{\mathrm{m}} - \frac{Q_{\mathrm{y}}}{2} (\delta_{\mathrm{s}}^{\mathrm{m}} - \delta_{\mathrm{s}}) \qquad (11\text{-}52)$$

将 $Q_{\mathrm{y}}^{\mathrm{c}}$、$\delta_{\mathrm{s}}^{\mathrm{m}}$、$Q_{\mathrm{y}}$ 及 δ_{s} 代入式(11-52)，可得

$$V_{\mathrm{y}} = \frac{\sigma_{\mathrm{c}}^2 - \sigma^2}{4c} \cdot \frac{\sin 2\alpha}{\tan \alpha} A_0 w \sin \alpha \cos^2 \alpha \qquad (11\text{-}53)$$

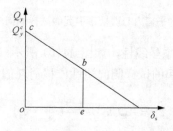

图 11-11　剪切带上垂直剪力与剪切带引起的试样轴向塑性位移之间的关系

4. 试样侧向和轴向塑性位移消耗的能量之间的关系

将式(11-48)除以式(11-53)，可得

$$\frac{V_x}{V_y} = \tan^2 \alpha \tag{11-54}$$

将式(11-48)加上式(11-53)，可得

$$V_x + V_y = \frac{\sigma_c^2 - \sigma^2}{4c} A_0 w \sin 2\alpha \cos \alpha = V = W \tag{11-55}$$

由此可见，式(11-55)与式(11-37)完全相同。

下面，对剪切带消耗的能量与剪切带引起的试样侧向及轴向塑性位移消耗的能量进行讨论。

式(11-54)及式(11-55)说明以下几点：

(1)剪切带消耗的总能量等于剪切带引起的试样侧向及轴向塑性位移消耗的能量的总和。

(2)剪切带引起的试样侧向与轴向塑性位移消耗的能量成正比，其比例系数为 $\tan^2 \alpha$ 。

(3)由于剪切带倾角 $\alpha < 45°$ ，因此，剪切带引起的试样轴向塑性位移消耗的能量大于侧向塑性位移消耗的能量。

(4)当 $\sigma = 0$ 时，剪切带消耗的总能量达到最大值，剪切带引起的试样轴向与侧向塑性位移消耗的能量均达到最大值。

(5)增加剪切带倾角 α ，则 $\tan^2 \alpha$ 增加，因此，剪切带引起的试样侧向塑性位移消耗的能量占剪切带消耗的总能量的比例增加。

由式(11-54)可见，在应变软化阶段，若剪切带倾角保持不变，则剪切带引起的试样轴向与侧向塑性位移消耗的能量之比为常量。实际上，剪切带倾角可能随着压缩应力的降低而有所改变，因此，从这一角度来讲，在应变软化过程中，剪切带引起的试样轴向与侧向塑性位移消耗的能量之比并非严格为常量。

实际上，剪切带倾角可能具有尺寸效应(王锺琦等，1986；王学滨和潘一山，2002；)。随着试样高度的增加，剪切带倾角 α 会有所减小。因此，较高试样的剪切带引起的试样侧向与轴向塑性位移消耗的能量之比将较低。

11.3.4　试样轴向及侧向变形的稳定性

1. 剪切带出现之前及之后剪切应力与剪切位移之间的关系

上文将剪切带受到的剪力 Q 在水平及垂直两方向上进行了分解，得到 Q_x 及

Q_y。同理，剪切带的塑性剪切位移也可被分解为两部分：轴向塑性位移 δ_s 及侧向塑性位移 u_s。而且，在应变软化阶段，Q_x 与 u_s 之间的关系为直线，Q_y 与 δ_s 之间的关系也为直线。设 Q_x 的最大值为 Q_x^c，Q_y 的最大值为 Q_y^c，u_s 的最大值为 u_s^m，δ_s 的最大值为 δ_s^m。设

$$c_x = \frac{Q_x^c}{u_s^m} \tag{11-56}$$

$$c_y = \frac{Q_y^c}{\delta_s^m} \tag{11-57}$$

利用式(11-42)、式(11-43)、式(11-45)及式(11-50)可得

$$c_x = c_y = \frac{A_0 c}{w \sin \alpha} \tag{11-58}$$

这说明，水平剪力-侧向塑性位移关系的斜率的绝对值等于垂直剪力-轴向塑性位移关系的斜率的绝对值。当然，两者的斜率也相同，见图 11-12。由于，$\alpha < 45°$，因此，有

$$Q_y^c > Q_x^c \tag{11-59}$$

$$\delta_s^m > u_s^m \tag{11-60}$$

这说明，垂直剪力-轴向塑性位移关系在水平剪力-侧向塑性位移关系的上方。c_x 及 c_y 既包含材料的本构参数(例如，c 及 w)，又包含试样的结构尺寸(即 A_0)，还包含剪切带倾角 α。因此，c_x 或 c_y 并非材料的本构参数。

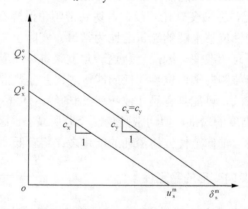

图 11-12　剪切带上剪力的分力与剪切带引起的试样两个方向塑性位移之间的关系

$A_0 / \sin \alpha$ 为剪切带的面积，最大水平剪切应力 τ_x^c 及最大垂直剪切应力 τ_y^c 分别为

$$\tau_x^c = \frac{Q_x^c \sin \alpha}{A_0} \tag{11-61}$$

$$\tau_y^c = \frac{Q_y^c \sin \alpha}{A_0} \tag{11-62}$$

设

$$c_x' = \frac{\tau_x^c}{u_s^m} \tag{11-63}$$

$$c_y' = \frac{\tau_y^c}{\delta_s^m} \tag{11-64}$$

因此，有

$$c_x' = c_y' = \frac{c}{w} \tag{11-65}$$

由式(11-65)可见，c_x' 及 c_y' 仅包含材料的特性，而与试样的结构尺寸无关，因而，二者是材料的本构参数。剪切带上剪切应力在两个方向上的分量（分别称为水平和垂直剪切应力）与剪切带引起的试样两个方向塑性位移之间的关系见图 11-13。

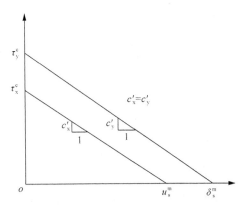

图 11-13　剪切带上剪切应力的分量与剪切带引起的试样两个方向塑性位移之间的关系

在弹性阶段，为了建立水平剪切应力与水平位移之间的关系及垂直剪切应力与垂直位移之间的关系，以未来剪切应变局部化区所在位置的材料为研究对象（一个弹性剪切层），设其宽度为 w，w 等于峰值强度后剪切带宽度。所研究对象的相对剪切位移设为 d^e，根据剪切胡克定律，有

$$\tau = \frac{d^e}{w} G \tag{11-66}$$

式中，τ 为所研究对象受到的剪切应力；G 为剪切弹性模量。

可以将式(11-66)变化为如下的等效形式：

$$\tau \cos \alpha = \frac{d^e \cos \alpha}{w} G \tag{11-67}$$

$$\tau \sin \alpha = \frac{d^e \sin \alpha}{w} G \tag{11-68}$$

令 $\tau_x = \tau \sin \alpha$，$d_x^e = d^e \sin \alpha$，$\tau_y = \tau \cos \alpha$，$d_y^e = d^e \cos \alpha$，$\tau_x$ 及 d_x^e 分别为弹性阶段研究对象受到的水平剪切应力及由此引起的水平剪切位移（剪切位移的水平分量），τ_y 及 d_y^e 分别为垂直剪切应力及由此引起的垂直剪切位移（剪切位移的垂直分量），因此，可得

$$\tau_x = \frac{d_x^e}{w} G \tag{11-69}$$

$$\tau_y = \frac{d_y^e}{w} G \tag{11-70}$$

由式(11-69)及式(11-70)可见，在弹性阶段，τ_x 与 d_x^e 之间关系的斜率与 τ_y 与 d_y^e 之间关系的斜率是完全相同的，见图 11-14，τ_x^c 及 τ_y^c 分别为 τ_x 及 τ_y 的最大值，d_x^{ec} 及 d_y^{ec} 分别为 d_x^e 及 d_y^e 的最大值。由于 $\alpha < 45°$，因此，有

$$d_x^e < d_y^e \tag{11-71}$$

$$\tau_x < \tau_y \tag{11-72}$$

设水平及垂直方向总剪切位移分别为 d_x 及 d_y，再考虑 $c = G\lambda / (G + \lambda)$，因此，可以将图 11-13 及图 11-14 合并成图 11-15。

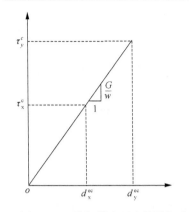

图 11-14　剪切带出现之前剪切应力
与弹性剪切位移之间的关系

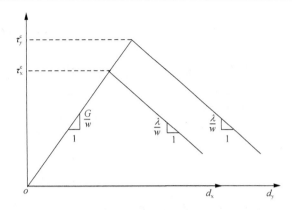

图 11-15　剪切带出现之前及之后剪切应力
与剪切位移之间的关系

2. 试样的轴向及侧向失稳判据

将试样视为一个力学系统，其不稳定性不仅取决于剪切带的变形特征，还和带外弹性体有关。实际上，剪切带相当于通常意义上的"试样"，而带外弹性体相当于通常意义上的"试验机"。众所周知，试验机的刚度越低，则系统越容易发生失稳。

假设带外弹性体在受到剪切应力 τ 时，其剪切位移为 d，因此，有

$$\tau = kd \tag{11-73}$$

式中，k 为弹性特征线(李宏等，1999)，其表达式为

$$k = \frac{E}{L} \sin\alpha \cos^2\alpha \tag{11-74}$$

式中，E 为弹性模量；L 为试样高度；α 为剪切带倾角。

式(11-73)可以表示为

$$\tau \sin\alpha = kd \sin\alpha \tag{11-75}$$

$$\tau \cos\alpha = kd \cos\alpha \tag{11-76}$$

由于 $\tau_x = \tau \sin\alpha$，$\tau_y = \tau \cos\alpha$，令 $d_x^t = d \sin\alpha$，$d_y^t = d \cos\alpha$，因此，有

$$\tau_x = \frac{E}{L} \sin\alpha \cos^2\alpha d_x^t \tag{11-77}$$

$$\tau_y = \frac{E}{L}\sin\alpha\cos^2\alpha d_y^t \tag{11-78}$$

侧向失稳是指水平剪切应力-剪切带水平位移关系的峰后斜率的绝对值大于弹性体剪切应力-剪切位移关系的斜率的现象。

根据能量原理或刚度比理论，利用式(11-77)、式(11-78)及图 11-15，水平方向(侧向)及垂直方向(轴向)的失稳判据均为

$$\frac{\lambda}{w} > \frac{E}{L}\sin\alpha\cos^2\alpha \tag{11-79}$$

式(11-79)与式(8-6)给出的单轴压缩剪切破坏试样失稳(轴向失稳)判据是完全相同的。图 11-16 为单轴压缩条件下剪切带-弹性体系统轴向及侧向同时失稳的示意图。

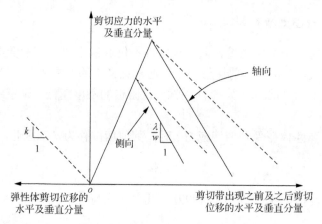

图 11-16　剪切带-弹性体系统轴向及侧向同时失稳的示意图

11.4　本章小结

根据单轴压缩剪切破坏试样应力-轴向应变曲线及应力-侧向应变曲线软化段斜率的正负，得到了试样轴向快速回跳及侧向快速回跳的条件。试样轴向快速回跳的原因是轴向弹性应变的恢复快于轴向塑性应变的增加。试样侧向快速回跳的原因是侧向弹性应变的恢复快于侧向塑性应变的增加。

当 $\tan\alpha < \upsilon B/L$ 时，若试样侧向快速回跳，则轴向快速回跳；当 $\tan\alpha > \upsilon B/L$ 时，若试样轴向快速回跳，则侧向快速回跳。对于常规试样，若侧向快速回跳，则轴向必定快速回跳。在应变软化阶段，根据试样轴向及侧向是否发生快速回跳现象，将轴向应变-侧向应变曲线划分为 4 种类型，并得到了各种类型的条件。单

轴压缩剪切破坏试样应力-轴向应变曲线、应力-侧向应变曲线及侧向应变-轴向应变曲线的理论结果都能与实验结果吻合，这一点以往的模型很难做到。

峰后泊松比定义为应变软化阶段试样侧向应变与轴向应变的比值的绝对值。在峰值强度时，峰后泊松比等于峰前泊松比。当应力为零时，峰后泊松比达到临界值。该临界值可能比峰前泊松比大，也可能比它小。通常，峰后泊松比不是一个材料常数。峰后泊松比与应力之间的关系可能是一条直线，也可能是上凸的或上凹的。

倾斜的剪切带消耗的能量可分解为试样侧向及轴向塑性位移消耗的能量。剪切带引起的试样轴向与侧向塑性位移消耗的能量成正比，其比例系数与剪切带倾角有关。剪切带引起的试样轴向塑性位移消耗的能量大于侧向塑性位移消耗的能量。当应力为零时，剪切带消耗的能量达到最大值。外力对试样所做的塑性功等于剪切带引起的试样侧向及轴向塑性位移消耗的能量的总和。若增加剪切带倾角，则剪切带引起的试样侧向塑性位移消耗的能量占剪切带消耗的能量的比例增加。

可以将倾斜的剪切带及带外弹性体受到的剪切应力在水平及垂直方向上分解，将剪切带及带外弹性体的剪切位移在水平及垂直方向上分解。在峰值强度后，得到了剪切带（"试样"）的剪切应力与剪切位移之间的关系和带外弹性体（"试验机"）的剪切应力与剪切位移之间的关系。根据能量原理或刚度比理论，得到了"试样"-"试验机"系统水平及垂直方向上的失稳判据。结果表明，两个方向上的失稳判据是相同的，该失稳判据不仅和材料的自身特性有关，还和试样的结构尺寸及结构形式有关。

第12章 矿柱渐进破坏及矿柱-弹性梁系统的稳定性分析

当矿柱发生渐进剪切破坏时，在剥离阶段之前及剥离过程中，提出了矿柱端面上的平均压缩应力与轴向平均位移之间关系的解析式，二者在形式上是一致的。利用刚度比理论，得到了矿柱-顶板或底板系统失稳判据的解析式，研究了各种参数对系统稳定性及剥离发生时平均应力的影响。根据能量原理，提出了局部剪切破坏矿柱-弹性梁系统失稳判据的解析式，该失稳判据等价于上覆岩层作用于梁上的分布载荷对梁跨中挠度的导数小于零，研究了本构参数及结构尺寸对系统稳定性的影响。

12.1 考虑渐进破坏的矿柱变形及稳定性

12.1.1 矿柱的均匀变形阶段

在弹性阶段，矿柱的压缩变形被认为是均匀的。根据线弹性胡克定律，见图 12-1(a)，弹性压缩位移 δ_e 可以表示为

$$\delta_e = \frac{\sigma}{E_T} L_T \tag{12-1}$$

式中，L_T 为矿柱的高度；σ 为矿柱上、下端面受到的压缩应力；E_T 为矿柱的弹性模量。

设矿柱的横截面面积为 A，$A = L_1 \times L_2$，L_1 及 L_2 分别为矿柱的厚度及宽度。

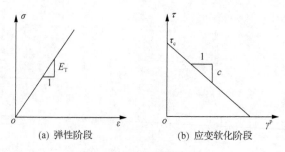

(a) 弹性阶段   (b) 应变软化阶段

图 12-1 矿柱的本构关系

12.1.2　矿柱的渐进破坏阶段

这里，认为若矿柱的抗压强度被达到，则应变局部化以倾斜的剪切带形式出现，矿柱发生应变软化行为。通常，在矿柱周边，侧向应力较低，而在矿柱中部，侧向应力较高；而且，矿柱四角位置具有一定的应力集中。因此，剪切带首先会出现在矿柱四角(Chen and Stimpson, 1997)。在剪切带出现之后，它们向矿柱内部传播。

为了分析方便起见，假设剪切带的出现不改变矿柱中部的应力状态。也就是说，矿柱中部的压缩应力总保持抗压强度 σ_c 不变。塑性剪切应变集中于狭窄的剪切带内部将导致矿柱边缘承载能力的下降，即局部的应变软化。在矿柱边缘，剪切带之外的材料发生弹性卸载，但在矿柱中部，并非如此。

随着矿柱变形的增加，老剪切带内部的塑性剪切应变集中程度加剧，新剪切带将出现在老剪切带之前，它们更接近于矿柱中心。这样，矿柱破坏区 abcd 的尺寸会增加，见图 12-2，矿柱中心弹性区的尺寸会缩小，因而矿柱的承载能力将进一步降低。

矿柱端面上的压缩应力分布、位移分布及矿柱渐进破坏(剥离阶段之前)的示意图见图 12-2。参数 k 为应力梯度，认为它保持常量；L_f 为破坏区 abcd 的尺寸；δ 为矿柱最边缘的位移；δ_c 为矿柱中心弹性区的位移。

应当指出，图 12-2(c)中的倾斜实线表示剪切带，其宽度定性地表示塑性剪切应变的集中程度，四个水平的箭头表示剪切带的传播方向，即从矿柱的边缘向矿柱的中心传播。

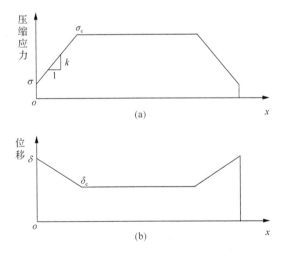

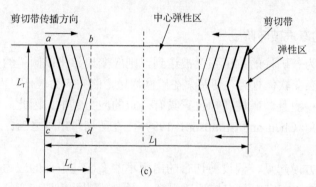

图 12-2　矿柱端面上的压缩应力分布、位移分布及矿柱渐进破坏
（剥离阶段之前）的示意图

　　由于矿柱发生局部软化，矿柱端面上的压缩应力分布及位移分布并不是均匀的。在此，设平均压缩应力及平均位移分别为 $\bar{\sigma}$ 及 $\bar{\delta}$ 。

平均压缩应力 $\bar{\sigma}$ 可以表示为

$$\bar{\sigma} = \sigma_c - \frac{(\sigma_c - \sigma)^2 L_2}{kA} \tag{12-2}$$

式中，应力梯度 k 可以表示为

$$k = \frac{\sigma_c - \sigma}{L_f} \tag{12-3}$$

　　平均位移 $\bar{\delta}$ 可以表示为

$$\bar{\delta} = \delta_c + \frac{(\sigma_c - \sigma) \cdot (\delta - \delta_c) L_2}{kA} \tag{12-4}$$

式中，δ_c 可以表示为

$$\delta_c = \frac{\sigma_c}{E_T} L_T \tag{12-5}$$

　　矿柱最边缘的位移可以分解为弹性或可恢复的位移 δ_e 及由应变局部化引起的塑性位移 δ_p：

$$\delta = \delta_e + \delta_p \tag{12-6}$$

　　弹性位移 δ_e 可以利用式(12-1)得到。塑性位移 δ_p 可以由线性应变软化的本构关系[图 12-1(b)]、剪切带的尺寸及数目确定。在图 12-1(b)中，γ^p 为剪切带的平均塑性剪切应变。

　　一条剪切带引起的轴向塑性位移可以表示为

$$\delta_1 = \frac{\tau_c - \tau}{c} w \cos \alpha \tag{12-7}$$

式中，c 为剪切软化模量，是剪切应力-塑性剪切应变关系的斜率的绝对值；w 为剪切带的尺寸或宽度，根据梯度塑性理论，它与材料的内部长度有关；α 为剪切带的倾角；τ_c 为抗剪强度；τ 为倾斜截面上的剪切应力。τ_c 与 σ_c 有关，见式(7-1)；τ 与 σ 有关，见式(7-2)。设矿柱最边缘的剪切带数目为 m。显然，每条剪切带的相对剪切位移都将对矿柱最边缘的塑性位移有贡献。因此，$\delta_p = m\delta_1$，δ_p 可以进一步表示为

$$\delta_p = \frac{\sigma_c - \sigma}{2c} mw \sin 2\alpha \cos \alpha \tag{12-8}$$

　　这样，矿柱最边缘的位移可以表示为

$$\delta = \frac{\sigma_c - \sigma}{2c} mw \sin 2\alpha \cos \alpha + \frac{\sigma}{E_T} L_T \tag{12-9}$$

　　将式(12-5)及式(12-9)代入式(12-4)，可得矿柱的轴向平均位移：

$$\bar{\delta} = \delta_c + \frac{(\sigma_c - \sigma)^2 L_2}{kA} \cdot \left(\frac{mw \sin 2\alpha \cos \alpha}{2c} - \frac{L_T}{E_T} \right) \tag{12-10}$$

　　将式(12-2)代入式(12-10)，可得

$$\bar{\delta} = \delta_c + (\sigma_c - \bar{\sigma}) \cdot \left(\frac{mw \sin 2\alpha \cos \alpha}{2c} - \frac{L_T}{E_T} \right) \tag{12-11}$$

　　由式(12-11)可以发现，矿柱的平均应力与平均位移呈线性关系。该关系依赖于材料的本构参数、矿柱的几何尺寸、剪切带的倾角及数目。

　　在弹性阶段，见式(12-1)，矿柱的应力-位移关系也呈线性，而且，应力及位移都是均匀分布的，即 $\bar{\delta} = \delta_e$ 及 $\bar{\sigma} = \sigma$。

　　因此，在剥离发生之前，矿柱的应力-位移关系呈双线性。

12.1.3　矿柱的剥离阶段

当矿柱最边缘的承载能力降低至零时，矿柱发生剥离，这将使矿柱的横截面面积缩小。不具有承载能力的矿体将从矿柱中分离出去，落入毗邻的采空区。当刚发生剥离时，破坏区的尺寸 L_{fm} 达到最大。在剥离阶段，认为破坏区的尺寸将保持不变。在剥离阶段，矿柱仍然包括两个区：中心的弹性区及中心区之外的破坏区。图 12-3 为剥离发生后压缩应力分布、位移分布及矿柱渐进破坏的示意图。

平均压缩应力及位移可以分别表示为

$$\bar{\sigma} = \sigma_c - \frac{\sigma_c^2 L_2}{k(A - 2\Delta L_2)} \tag{12-12}$$

$$\bar{\delta} = \delta_c + \frac{\sigma_c(\delta_m - \delta_c)L_2}{k(A - 2\Delta L_2)} \tag{12-13}$$

式中，应力梯度 k 可以写成

$$k = \frac{\sigma_c}{L_{fm}} \tag{12-14}$$

将 $\sigma = 0$ 代入式(12-9)，可得

$$\delta_m = \frac{\sigma_c}{2c} mw \sin 2\alpha \cos \alpha \tag{12-15}$$

式中，δ_m 为矿柱最边缘的位移。

将式(12-5)及式(12-15)代入式(12-13)，可得

$$\bar{\delta} = \delta_c + \frac{\sigma_c^2 L_2}{k(A - 2\Delta L_2)} \cdot \left(\frac{mw \sin 2\alpha \cos \alpha}{2c} - \frac{L_T}{E_T} \right) \tag{12-16}$$

将式(12-12)代入式(12-16)，可得

$$\bar{\delta} = \delta_c + (\sigma_c - \bar{\sigma}) \cdot \left(\frac{mw \sin 2\alpha \cos \alpha}{2c} - \frac{L_T}{E_T} \right) \tag{12-17}$$

式(12-17)与式(12-11)完全相同，因此，矿柱的剥离不会改变矿柱峰后应力-位移关系的斜率。无论剥离发生与否，应力-位移关系都呈双线性。矿柱峰后应力-位移关系的斜率与矿柱的几何尺寸有关。

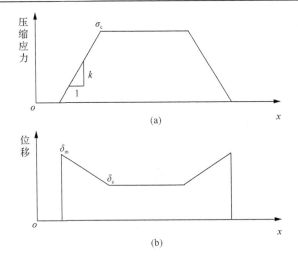

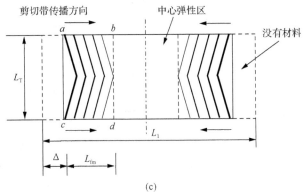

图 12-3　矿柱端面上的压缩应力分布、位移分布及矿柱渐进破坏(剥离发生时)的示意图

12.1.4　失稳判据的解析式

在单轴压缩条件下，Salamon(1970)给出了矿柱-顶板或底板系统的失稳判据：

$$K + \lambda < 0 \qquad\qquad (12\text{-}18)$$

式中，K 为正，是顶板或底板的刚度，保持常量；λ 为矿柱峰后应力-应变关系的斜率。

矿柱平均应变 $\bar{\varepsilon}$ 可以表示为

$$\bar{\varepsilon} = \frac{\bar{\delta}}{L_\mathrm{T}} = \frac{\delta_\mathrm{c}}{L_\mathrm{T}} + (\sigma_\mathrm{c} - \bar{\sigma}) \cdot \left(\frac{mw\sin 2\alpha \cos\alpha}{2cL_\mathrm{T}} - \frac{1}{E_\mathrm{T}} \right) \qquad (12\text{-}19)$$

将式(12-19)两边对平均应力 $\bar{\sigma}$ 微分，可得

$$\lambda = \frac{\mathrm{d}\bar{\sigma}}{\mathrm{d}\bar{\varepsilon}} = \left(\frac{1}{E_\mathrm{T}} - \frac{mw\sin 2\alpha \cos \alpha}{2cL_\mathrm{T}} \right)^{-1} \tag{12-20}$$

因此，由应变软化矿柱及顶板或底板构成的系统的失稳判据为

$$K + \left(\frac{1}{E_\mathrm{T}} - \frac{mw\sin 2\alpha \cos \alpha}{2cL_\mathrm{T}} \right)^{-1} < 0 \tag{12-21}$$

12.1.5　渐进破坏矿柱的应力-位移关系的参数研究

图 12-4 所示为不同 L_T 时 $\bar{\sigma}$ - δ 关系。参数取值如下：$E_\mathrm{T} = 200\mathrm{MPa}$、$m = 1$、$w = 0.01\mathrm{m}$、$\alpha = \pi/4$、$c = 0.25\mathrm{MPa}$、$\sigma_\mathrm{c} = 20\mathrm{MPa}$、$k = 4\mathrm{MPa/m}$ 及 $L_1 = 8\mathrm{m}$。计算结果表明，矿柱高度的增加将引起快速回跳(II 类变形行为)。图 12-4~图 12-7 中的黑点表示剥离的开始。

图 12-5 所示为剪切软化模量对 $\bar{\sigma}$ - δ 关系的影响。参数取值如下：$L_\mathrm{T} = 2\mathrm{m}$、$E_\mathrm{T} = 200\mathrm{MPa}$、$w = 0.01\mathrm{m}$、$m = 1$、$\sigma_\mathrm{c} = 20\mathrm{MPa}$、$\alpha = \pi/4$、$k = 4\mathrm{MPa/m}$ 及 $L_1 = 8\mathrm{m}$。计算结果表明，剪切软化模量的增加将引起快速回跳(II 类变形行为)。

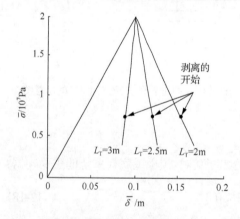

图 12-4　矿柱高度对矿柱平均应力-平均位移关系的影响

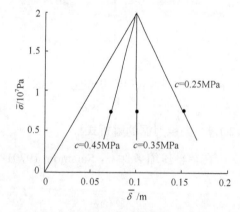

图 12-5　剪切软化模量对矿柱平均应力-平均位移关系的影响

图 12-6 所示为剪切带宽度对 $\bar{\sigma}$ - δ 关系的影响。参数取为取值如下：$E_\mathrm{T} = 200\mathrm{MPa}$、$m = 1$、$\alpha = \pi/4$、$L_\mathrm{T} = 2\mathrm{m}$、$c = 0.25\mathrm{MPa}$、$\sigma_\mathrm{c} = 20\mathrm{MPa}$、$k = 4\mathrm{MPa/m}$ 及 $L_1 = 8\mathrm{m}$。计算结果表明，剪切带宽度越大，则越不容易引起快速回跳。

图 12-7 所示为应力梯度对 $\bar{\sigma}$ - δ 关系的影响。参数取值如下：$E_\mathrm{T} = 200\mathrm{MPa}$、

$m=1$、$\alpha=\pi/4$、$L_T=2m$、$c=0.25MPa$、$\sigma_c=20MPa$、$w=0.01m$ 及 $L_1=8m$。计算结果表明，应力梯度越低，则剥离开始时的平均应力越低；另外，应力梯度对矿柱平均应力-位移关系的斜率没有影响。

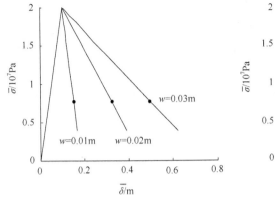

图 12-6 剪切带宽度对平均应力-位移
关系的影响

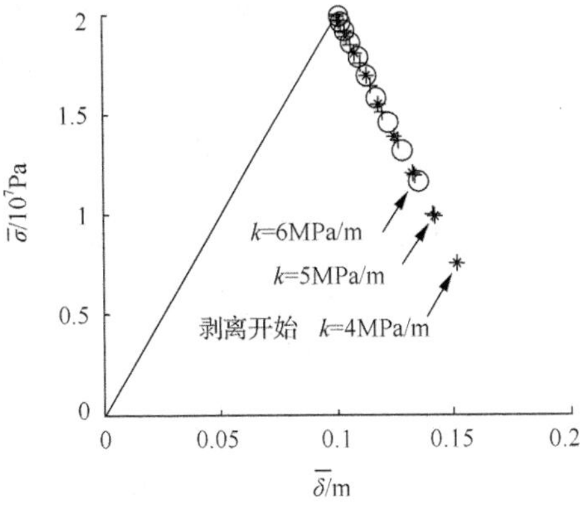

图 12-7 应力梯度对平均应力-位移
关系的影响

12.2 基于能量原理的局部剪切破坏矿柱-弹性梁系统的失稳判据

12.2.1 局部剪切破坏矿柱-弹性梁系统的力学模型

弹性梁及考虑应变局部化的应变软化矿柱构成的系统的示意图见图 12-8。这一模型以 Xu 和 Xu(1996)的模型为基础，适用于房柱开采。梁总是弹性的，两端固定。矿柱中倾斜的直线代表启动于抗剪强度的剪切带。分布载荷 p_0 代表上覆岩层单位面积的质量，使弹性梁向下弯曲。集中力 F 作用于梁的跨中。集中力由矿柱施加，使弹性梁向上弯曲。根据牛顿第三定律，矿柱受到的载荷也是 F。

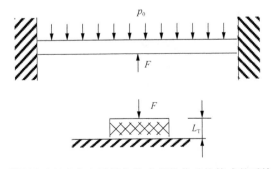

图 12-8 弹性梁及考虑应变局部化的应变软化矿柱构成的系统的示意图

局部剪切破坏矿柱-弹性梁系统的势能 V 由外力功 W、梁的弹性应变能 V_1、矿柱的弹性应变能 V_2^e 及矿柱的塑性耗散能 V_2^p 构成。根据最小势能原理，若势能对梁跨中挠度 y_0 的一阶导数为零，则可以得到平衡条件。局部剪切破坏矿柱-弹性梁系统的失稳条件是势能对梁跨中挠度 y_0 的二阶导数小于零：

$$\frac{\mathrm{d}^2 V}{\mathrm{d} y_0^2} = \frac{\mathrm{d}^2 V_2^e}{\mathrm{d} y_0^2} + \frac{\mathrm{d}^2 V_2^p}{\mathrm{d} y_0^2} + 24 \frac{EI}{L^3} < 0 \tag{12-22}$$

式中，L 为梁的半跨长；E 为梁的弹性模量；I 为梁的惯性矩；$K = 24EI / L^3$ 称为梁在跨中的弯曲刚度（Xu and Xu, 1996）。由于 V_2^e 及 V_2^p 之和等于 $F - y_0$ 曲线的面积，式（12-22）可以写成

$$\frac{\mathrm{d}^2 V}{\mathrm{d} y_0^2} = \frac{\mathrm{d} F}{\mathrm{d} y_0} + 24 \frac{EI}{L^3} < 0 \tag{12-23}$$

式中，$F = A\sigma$，A 为矿柱的横截面面积。

12.2.2　矿柱的位移及系统的失稳判据

为了分析方便，假定矿柱可被划分为若干个狭窄的条带，见图 12-9。这些条带具有相同的压缩位移。对于理想情形，剪切带数目的计算也已在图 12-9 中给出。另外，还假定，在各狭窄的条带内，剪切带均得到了充分的发展，剪切带数目都是 m。各条带的高度都是 L_T，各条带的长度 L_B 仅与剪切带的长度 L_S 及剪切带的倾角 α 有关：

$$L_B = L_S \sin \alpha \tag{12-24}$$

由于局部剪切破坏矿柱-弹性梁系统不发生任何分离，矿柱上端的位移应该等于梁跨中的挠度。矿柱上端的位移由两部分构成：弹性或可恢复的位移 δ_e 及由剪切应变局部化引起的塑性位移 δ_{pm}。因此，变形协调条件为

$$y_0 = \delta_e + \delta_{pm} \tag{12-25}$$

根据线弹性胡克定律，弹性位移 δ_e 为

$$\delta_e = \frac{F}{E_T A} L_T \tag{12-26}$$

式中，E_T 为矿柱的弹性模量。

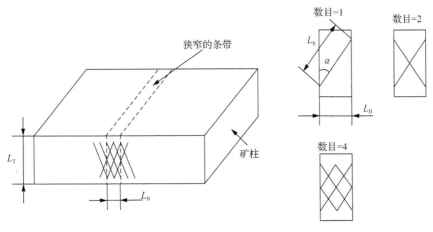

图 12-9　矿柱的局部剪切破坏及理想情况下剪切带数目的计算

与式 (12-8) 类似，由剪切应变局部化引起的塑性位移 δ_{pm} 可以表示为

$$\delta_{pm} = \frac{F_c - F}{2Ac} mw \sin 2\alpha \cos \alpha \tag{12-27}$$

将式 (12-26) 及式 (12-27) 代入式 (12-25)，可得

$$y_0 = \frac{F}{E_T A} L_T + \frac{F_c - F}{2Ac} mw \sin 2\alpha \cos \alpha \tag{12-28}$$

将式 (12-28) 两边对 y_0 微分，可得

$$\frac{\mathrm{d}F}{\mathrm{d}y_0} = \left(\frac{L_T}{E_T A} - \frac{mw \sin 2\alpha \cos \alpha}{2Ac} \right)^{-1} \tag{12-29}$$

当式 (12-29) 为负值时，即 $\mathrm{d}F/\mathrm{d}y_0 < 0$，将式 (12-29) 代入式 (12-23)，可得系统的失稳判据：

$$\left(\frac{L_T}{E_T A} - \frac{mw \sin 2\alpha \cos \alpha}{2Ac} \right)^{-1} + 24 \frac{EI}{L^3} < 0 \tag{12-30}$$

12.2.3　根据分布载荷对梁跨中挠度求导获得的失稳判据

Xu 和 Xu (1996) 提出了 F、p_0 及 y_0 之间的关系：

$$y_0 = \frac{p_0 L^4 - FL^3}{24EI} \tag{12-31}$$

将式(12-31)两边对 y_0 求导，可得

$$\frac{\mathrm{d}p_0}{\mathrm{d}y_0} = \frac{24EI}{L^4} + \frac{1}{L} \cdot \frac{\mathrm{d}F}{\mathrm{d}y_0} \tag{12-32}$$

若分布载荷随着挠度的增加而降低，即式(12-32)是负的，则可得

$$\frac{24EI}{L^3} + \frac{\mathrm{d}F}{\mathrm{d}y_0} < 0 \tag{12-33}$$

可以发现，式(12-33)与(12-23)完全相同。这意味着系统的失稳判据可以简化为分布载荷对梁跨中挠度的导数小于零：

$$\frac{\mathrm{d}p_0}{\mathrm{d}y_0} < 0 \tag{12-34}$$

12.2.4 结构尺寸、本构参数及剪切带倾角的参数研究

1. EI 及 L 的影响

图12-10所示为不同 L 时 $\mathrm{d}p_0 / \mathrm{d}y_0$ 与 EI 之间的关系。参数取值如下：$L_\mathrm{T} = 2\mathrm{m}$、$E_\mathrm{T} = 200\mathrm{MPa}$、$A = 3\mathrm{m}^2$、$m = 16$、$w = 0.02\mathrm{m}$、$\alpha = \pi / 4$ 及 $c = 0.3\mathrm{MPa}$。计算结果表明，梁的跨度越大，或梁的弹性模量越小，或惯性矩越小，则系统越容易失稳。总之，梁的跨中弯曲刚度越低，则系统越容易失稳。

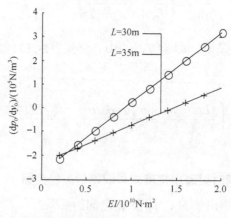

图 12-10 EI 及 L 对局部剪切破坏矿柱-弹性梁系统稳定性的影响

2. L_T 及 m 的影响

图 12-11 所示为不同 L_T 时 $\mathrm{d}p_0 / \mathrm{d}y_0$ 与 EI 之间的关系。参数取值如下：$L = 30\mathrm{m}$、$E_T = 200\mathrm{MPa}$、$A = 3\mathrm{m}^2$、$EI = 12\mathrm{GPa}$、$w = 0.02\mathrm{m}$、$\alpha = \pi / 4$ 及 $c = 0.3\mathrm{MPa}$。计算结果表明，剪切带数目越少，或矿柱的高度越大，则系统越容易失稳。

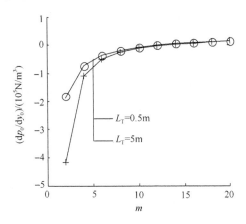

图 12-11　L_T 及 m 对局部剪切破坏矿柱-弹性梁系统稳定性的影响

3. E_T 及 w 的影响

图 12-12 所示为不同 w 时 $\mathrm{d}p_0 / \mathrm{d}y_0$ 与 EI 之间的关系。参数取值如下：$L_T = 2\mathrm{m}$、$L = 30\mathrm{m}$、$A = 3\mathrm{m}^2$、$m = 12$、$EI = 12\mathrm{GPa}$、$\alpha = \pi / 4$ 及 $c = 0.3\mathrm{MPa}$。计算结果表明，剪切带宽度越大，或矿柱的弹性模量越低，则系统越容易失稳。

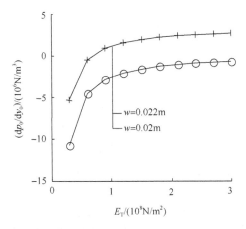

图 12-12　E_T 及 w 对局部剪切破坏矿柱-弹性梁系统稳定性的影响

4. c 及 α 的影响

图 12-13 所示为不同 c 时 $\mathrm{d}p_0 / \mathrm{d}y_0$ 与 EI 之间的关系。参数取值如下：$L_T = 2\mathrm{m}$、$L = 30\mathrm{m}$、$A = 3\mathrm{m}^2$、$m = 16$、$EI = 12\mathrm{GPa}$、$w = 0.02\mathrm{m}$ 及 $E_T = 200\mathrm{MPa}$。计算结果表明，$\mathrm{d}p_0 / \mathrm{d}y_0$ 并非随着 α 的增加而单调增加。当 α 在 35° 附近时，$\mathrm{d}p_0 / \mathrm{d}y_0$ 达到峰值。随着 α 的继续增加，$\mathrm{d}p_0 / \mathrm{d}y_0$ 稍有降低。剪切带倾角越低，或软化模量越高，则系统越容易失稳。

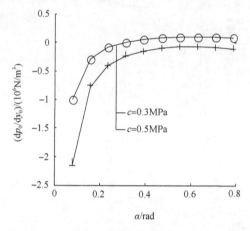

图 12-13 c 及 a 对局部剪切破坏矿柱-弹性梁系统稳定性的影响

12.3 本 章 小 结

考虑了矿柱的剪切应变局部化和渐进剪切破坏特征，认为矿柱的变形经历弹性阶段、应变软化阶段及剥离阶段。建立了矿柱的平均压缩应力与平均位移之间的关系。研究发现，矿柱的峰后刚度不仅取决于材料的本构参数(例如，弹性模量、软化模量及剪切带宽度)，还取决于矿柱的几何尺寸(例如，高度)及剪切带的倾角及条数。提出了考虑剪切应变局部化和渐近剪切破坏特征的矿柱-顶板或底板系统失稳判据的解析式。材料的本构参数、矿柱的几何尺寸及剪切带的条数都对系统的稳定性有影响。研究发现，矿柱越高，或软化模量越大，或剪切带越窄，则系统越容易失稳。应力梯度对系统的稳定性没有影响，但决定矿柱发生剥离的时刻。

将弹性梁及局部剪切破坏矿柱视为一个系统。由于局部剪切破坏矿柱-弹性梁系统不发生任何分离，矿柱上端的位移应该等于梁跨中的挠度。矿柱上端的位移由两部分构成：弹性或可恢复的位移及由剪切应变局部化引起的塑性位移。后者与剪切带的倾角、数目、宽度及剪切软化模量有关。局部剪切破坏矿柱-弹性梁系统的势能由外力功、梁的弹性应变能、矿柱的弹性应变能及矿柱的塑性耗散能构成。根据能量原理，提出了局部剪切破坏矿柱-弹性梁系统的失稳判据的解析式。失稳判据等价于上覆岩层作用于梁上的分布载荷对梁跨中挠度的导数小于零。研究了结构尺寸、本构参数及剪切带倾角对系统稳定性的影响。研究表明，梁的跨中弯曲刚度越低，或剪切带数目越少，或矿柱越高，或剪切带越窄，或矿柱的弹性模量越低，或剪切带越陡峭，或软化模量越高，则系统越容易失稳。

参 考 文 献

白以龙. 1995. 材料的不稳定性//黄克智, 徐秉业. 固体力学发展趋势. 北京: 北京理工大学出版社: 95-107.

蔡美峰, 孔广亚, 贾立宏. 1997. 岩体工程系统失稳的能量突变判断准则及其应用. 北京科技大学学报, 19(4): 325-328.

蔡正银, 李相崧. 2004. 取决于材料状态的变形局部化现象. 岩石力学与工程学报, 23(4): 533-538.

陈惠发. 2001. 土木工程材料的本构方程(第二卷 塑性与建模). 余天庆, 王勋文, 刘再华译, 刘西拉, 韩大建校译. 武汉: 华中科技大学出版社.

陈刚. 2004. 煤岩体后破坏的理论研究及预测. 阜新: 辽宁工程技术大学.

陈俊达, 马少鹏, 刘善军, 等. 2005. 应用数字散斑相关方法实验研究雁列断层变形破坏过程. 地球物理学报, 48(6): 1350-1356.

陈顺云, 刘力强, 马胜利, 等. 2005. 构造活动模式变化对 b 值影响的实验研究. 地震学报, 27(3): 317-323.

丁国瑜, 李永善. 1979. 我国地震活动与地壳现代破裂网络. 地质学报, 53(1): 22-34.

丁继辉, 麻玉鹏, 赵国景, 等. 1999. 煤和瓦斯突出的固-流耦合失稳理论及数值分析. 工程力学, 16(4): 47-53.

董建国, 李蓓, 袁聚云. 2001a. 上海暗绿色粉质黏土剪切带形成的试验研究. 工程勘察, 23(3): 1-3, 24.

董建国, 李蓓, 袁聚云, 等. 2001b. 上海浅层褐黄色粉质黏土剪切带形成的试验研究. 岩土工程学报, 23(1): 23-27.

冯吉利, 孙东亚, 丁留谦, 等. 2004. 边坡及挡土墙变形局部化分析. 水利学报, 35(12): 21-26.

高文华, 杨林德, 叶为民. 1997. 自立式挡墙侧向变形时效性分析与计算. 工程力学, 14(增): 324-328.

高俊合, 于海学, 赵维炳. 2000. 土与混凝土接触面特性的大型单剪试验研究及数值模拟. 土木工程学报, 33(4): 42-46.

过镇海. 1999. 钢筋混凝土原理. 北京: 清华大学出版社.

韩大建. 1987. 岩石类脆性材料本构关系的几个问题//徐文焕. 第一届全国计算岩土力学研讨会论文集(一). 西安: 西南交通大学出版社: 103-122.

贺军, 赵阳升, 张文, 等. 1993. 煤与瓦斯突出的软化分析与失稳研究. 工程力学, 10(2): 79-87.

黄昌乾, 丁恩保. 1997. 边坡稳定性评价结果的表达与边坡稳定判据. 工程地质学报, 5(4): 375-380.

黄克智, 邱信明, 姜汉卿. 1999. 应变梯度理论的新进展(一)——偶应力理论和 SG 理论. 机械强度, 23(2): 81-87.

黄茂松, 钱建固. 2005. 平面应变条件下饱和土体分叉后的力学性状. 工程力学, 22(1): 48-53.

黄茂松, 扈萍, 钱建固. 2008. 基于材料状态相关砂土临近状态理论的应变局部化分析. 岩土工程学报, 30(8): 1133-1139.

金济山, 石泽全, 方华, 等. 1991. 在三轴压缩下大理岩循环加载实验的初步研究. 地球物理学报, 34(4): 488-494.

金丰年, 钱七虎. 1998. 岩石的单轴拉伸及其本构模型. 岩土工程学报, 20(6): 5-8.

蒋明镜, 沈珠江. 1998. 土体应变局部化(剪切带)的研究现状//土木工程学会. 第三届全国青年岩土力学与工程会议论文集. 南京: 河海大学出版社: 134-149.

姜振泉, 季梁年, 左如松. 2002. 岩石在伺服条件下的渗透性与应变、应力的关联性特征. 岩石力学与工程学报, 21(10): 1442-1446.

李锡夔. 1995. 非线性计算固体力学的若干问题. 大连理工大学学报, 35(6): 783-789.

李锡夔, Cescoto S. 1996. 梯度塑性的有限元分析及应变局部化模拟. 力学学报, 28(5): 64-73.

李世平, 李玉寿, 吴振业. 1995. 岩石全应力应变过程对应的渗透率-应变方程. 岩土工程学报, 17(2): 13-19.

李兆霞, 肖力光, 佘颖禾. 1996. 脆性固体损伤和局部软化的有限元分析. 计算结构力学及其应用, 13(3): 279-286.

李长洪, 蔡美峰, 乔兰, 等.1999.岩石全应力-应变曲线与岩爆的关系. 北京科技大学学报, 21(6):513-515.

李宏, 朱浮声, 王泳嘉, 等.1999.岩石统计细观损伤与局部弱化失稳的尺寸效应. 岩石力学与工程学报, 18(1): 28-32.

李蓓.2000. 平面应变仪的研制及上海地区黏土剪切带形成的试验研究. 上海: 同济大学.

李蓓, 赵锡宏, 董建国.2002.上海黏土剪切带倾角的试验研究. 岩土力学, 23(4):423-427.

李元海, 朱合华, 上野胜利, 等.2004. 基于图像相关分析的砂土模型试验变形场量测. 岩土工程学报, 26(1): 36-41.

李育超, 凌道盛, 陈云敏.2005. Cosserat 连续介质的 Mohr-Coulomb 屈服准则及其应用. 浙江大学学报(工学版), 39(2):253-258.

梁冰, 章梦涛, 潘一山, 等.1995.瓦斯对煤的力学性质及力学响应影响的试验研究. 岩土工程学报, 17(5):12-18.

林鹏, 卓家寿.2000.边坡稳定性广角度分析的等值面法. 水利学报, 31(8):75-79.

刘祖德, 陆士强, 包承纲, 等.1986. 土的抗剪强度特性. 岩土工程学报, 8(1):8-48.

刘夕才. 1997.岩土变形局部化失稳的分叉分析//谢和平. 非线性力学理论与实践. 徐州: 中国矿业大学出版社: 113-121.

刘宝琛, 张家生, 杜齐中, 等.1998.岩石抗压强度的尺寸效应. 岩石力学与工程学报, 17(6):611-614.

刘西拉, 温斌.1998.混凝土单轴拉伸的应变软化行为及描述. 工程力学, 15(A1):8-18.

刘力强, 马胜利, 马瑾, 等.1999.岩石构造对声发射统计特征的影响. 地震地质, 21(4):377-386.

刘兴旺, 施祖元, 益德清.1999.软土地区基坑开挖变形性状研究. 岩土工程学报, 21(4):456-460.

刘斯宏, 徐永福.2001.粒状体直剪试验的数值模拟与微观考察. 岩石力学与工程学报, 20(3):288-292.

刘少华, 陈从新, 付少兰.2002.充填砂裂隙在剪切位移作用下渗流规律的实验研究. 岩石力学与工程学报, 21(10): 1457-1461.

刘元高, 周维垣, 赵吉东, 等.2003.裂隙岩体局部化破坏多重势面分叉模型及其应用. 岩石力学与工程学报, 23(3):358-363.

刘继国, 曾亚武.2005.岩石试件端面摩擦效应数值模拟研究. 工程地质学报, 13(2):247-251.

刘金龙, 汪卫明, 陈胜宏.2005.岩土类介质的应变局部化有限单元法研究. 人民长江, 36(4):32-34.

刘远征, 马瑾, 马文涛.2014. 探讨紫坪铺水库在汶川地震发生中的作用. 地学前缘, 21(1):150-160.

陆家佑. 1998.水工引水隧洞岩爆机制研究//第一届全国岩石力学数值计算及模型试验讨论会论文集. 成都: 西南 交通大学出版社: 210-214.

陆家佑, 王昌明.1994.根据岩爆反分析岩体应力研究. 长江科学院院报, 11(3):27-30.

鲁晓兵, 王义华, 王淑云, 等.2005.饱和土中剪切带宽度的研究. 力学学报, 37(1):87-91.

马胜利, 马瑾.2003. 我国实验岩石力学与构造物理学研究的若干新进展. 地震学报, 25(5):453-464.

马胜利, 陈顺云, 刘培洵, 等. 2008.断层阶区对滑动行为影响的实验研究. 中国科学 D 辑: 地球科学, 38(7): 842-851.

马少鹏, 王来贵, 赵永红.2006.岩石圆孔结构破坏过程变形演化的实验研究. 岩土力学, 27(7):1082-1086.

马瑾, 郭彦双.2014. 失稳前断层加速协同化的实验室证据和地震实例. 地震地质, 36(3):547-561.

马瑾, 马少鹏, 刘培洵, 等.2008. 识别断层活动和失稳的热场标志——实验室的证据. 地震地质, 30(2):363-382.

潘一山, 杨小彬.2001.岩石变形破坏局部化的白光数字散斑相关方法研究. 实验力学, 16(2):7-12.

潘一山, 魏建明.2002.岩石材料应变软化尺寸效应的实验和理论研究. 岩石力学与工程学报, 21(2):152-182.

潘一山, 杨小彬.2002.岩石变形破坏局部化的白光数字散斑相关方法研究. 岩土工程学报, 24(1):97-100.

潘一山, 王来贵, 章梦涛, 等.1998a.断层冲击地压发生的理论与实验研究. 岩石力学与工程学报, 17(6):145-151.

潘一山, 袁旭东, 章梦涛. 1998b. 岩石失稳破坏的应变梯度模型. 岩石力学与工程学报, 17(增): 760-765.

潘一山, 徐秉业, 王明洋. 1999. 岩石塑性应变梯度与Ⅱ类岩石变形行为研究. 岩土工程学报, 21(4): 472-474.

潘一山, 王学滨, 马瑾. 2002. 地震地质中应变局部化现象及剪切带网络数值模拟研究//杨桂通, 黄筑平, 梁乃刚, 等. 塑性力学与工程(徐秉业教授七十寿辰庆贺文集). 北京: 世界图书出版公司: 万国学术出版社.

潘岳, 戚云松. 2001. 受压构件本构失稳的折迭突变模型. 岩土力学, 22(3): 271-275, 307.

潘岳, 刘英, 顾善发. 2001a. 矿井断层冲击地压的折迭突变模型. 岩石力学与工程学报, 20(1): 43-48.

潘岳, 解金玉, 顾善发. 2001b. 非均匀围压下矿井断层冲击地压的突变理论分析. 岩石力学与工程学报, 20(3): 310-314.

潘岳, 刘瑞昌, 戚云松. 2002. 压桩脆坏引发的能量释放量与荷载效应的计算. 岩石力学与工程学报, 21(2): 223-227.

钱觉时, 吴科如. 1993. 砼Ⅰ、Ⅱ类断裂及其数值分析. 重庆建筑工程学院学报, 15(4): 79-88.

钱建固. 2003. 土体失稳的变形分叉理论与分叉后的力学性状. 上海: 同济大学.

钱建固, 黄茂松. 2003. 轴对称状态下土体剪切带触发形成的分叉理论. 岩土工程学报, 25(4): 400-404.

钱七虎. 2004. 非线性岩石力学的新进展——深部岩体力学的若干关键问题//中国岩石力学与工程学会. 第八次全国岩石力学与工程学术大会论文集. 北京: 科学出版社: 10-12.

邱金营. 1995. 剪切带对土体单元试验的影响. 水电能源科学, 13(4): 254-259.

邵国建, 卓家寿, 章青. 2003. 岩体稳定性分析与评判准则研究. 岩石力学与工程学报, 22(5): 691-696.

邵龙潭, 孙益振, 王助贫, 等. 2006. 数字图像测量技术在土工三轴试验中的应用研究. 岩土力学, 26(1): 31-36.

沈珠江. 1997. 应变软化材料的广义孔隙压力模型. 岩土工程学报, 19(3): 14-21.

沈珠江. 2000. 理论土力学. 北京: 中国水利水电出版社.

沈新普, 沈国晓, 陈立新, 等. 2005. 梯度增强的弹塑性损伤非局部本构模型研究. 应用数学和力学, 26(2): 201-214.

宋二祥. 1995. 软化材料有限元分析的一种非局部方法. 工程力学, 12(4): 93-101.

宋二祥, 邱玥. 2001. 基坑复合土钉支护的有限元分析. 岩土力学, 22(3): 241-244.

宋治平, 梅世蓉, 尹祥础. 1999. 强大地震前地震活动增强区及其力学性能. 地震学报, 21(3): 271-277.

宋义敏, 马少鹏, 杨小彬, 等. 2011. 岩石变形破坏的数字散斑相关方法研究. 岩石力学与工程学报, 30(1): 170-175.

孙广忠. 1988. 岩体结构力学. 北京: 科学出版社.

孙红, 赵锡宏. 2001. 软土的各向异性损伤对剪切带形成的影响. 力学季刊, 22(3): 307-316.

唐春安, 徐小荷. 1990. 岩石破裂过程失稳的尖点突变模型. 岩石力学与工程学报, 9(2): 100-107.

陶玮, 洪汉净, 刘培询. 2000. 中国大陆及邻区强震活动主体地区形成的数值模拟. 地震学报, 22(3): 271-277.

王嘉荫. 1963. 中国地质史料. 北京: 科学出版社.

王锺琦, 孙广忠, 刘双光, 等. 1986. 岩土工程测试技术. 北京: 中国建筑工业出版社.

王绳祖. 1993. 亚洲大陆岩石圈多层构造模型和塑性流动网络. 地质学报, 67(1): 1-18.

王来贵, 潘一山, 章梦涛. 1996. 采掘诱发地震的成因及对策. 中国安全科学学报, 6(3): 40-43.

王来贵, 黄润秋, 张倬元. 1997. 岩石力学系统运动稳定性问题及其研究现状. 地球科学进展, 12(3): 236-241.

王来贵, 赵娜, 何峰, 等. 2009. 岩石蠕变损伤模型及其稳定性分析. 煤炭学报, 34(1): 64-68.

王来贵, 闫杰, 马乐, 等. 2012. 地震作用下含弱面斜坡变形破坏实验研究. 工程地质学报, 20(4): 471-477.

王来贵, 戴罡, 赵国超, 等. 2015. 软岩蠕变过程稳定性及反馈特性. 辽宁工程技术大学学报(自然科学版), 34(9): 993-998.

王明洋, 严东晋, 周早生, 等. 1998. 岩石单轴试验全程应力应变曲线讨论. 岩石力学与工程学报, 17(1): 101-106.

王可钧. 2000. 岩石力学与工程的几个研究热点//中国岩石力学与工程学会. 第六届全国岩石力学与工程学术大会论文集. 北京: 中国科学出版社, 6-10.

王学滨, 潘一山, 丁秀丽, 等. 2001a. 孔隙流体对岩体变形局部化的影响及数值模拟研究. 地质力学学报, 7(2): 139-143.

王学滨, 潘一山, 宋维源. 2001b. 岩石试件尺寸效应的塑性剪切应变梯度模型. 岩土工程学报, 23(6): 711-714.

王学滨, 潘一山, 盛谦, 等. 2001c. 岩体假三轴压缩及变形局部化剪切带数值模拟. 岩土力学, 22(3): 323-326.

王学滨, 潘一山, 盛谦, 等. 2002. 岩石试件端面效应的变形局部化数值模拟研究. 工程地质学报, 10(3): 233-235.

王学滨, 潘一山. 2002. 剪切带倾角尺度律与局部化启动跳跃稳定研究. 岩土力学, 23(4): 446-449.

王学滨, 潘一山, 张智慧. 2010a. 扩容角对圆形巷道岩爆过程的影响. 中国工程科学, 12(2): 40-46.

王学滨, 潘一山, 伍小林. 2010b. 不同强度岩石中开挖圆形巷道的局部化过程模拟. 防灾减灾工程学报, 30(2): 123-129.

王学滨, 杜亚志, 潘一山. 2012a. 基于 DIC 粗-细搜索方法的单轴压缩砂样的应变分布及应变梯度的实验研究. 岩土工程学报, 34(11): 2050-2057.

王学滨, 杜亚志, 潘一山, 等. 2012b. 单向压缩砂土试样应变局部化带测量及影响因素分析. 西北农林科技大学学报(自然科学版), 40(12): 191-200.

王学滨, 伍小林, 潘一山, 等. 2012c. 基于颗粒-界面-基体模型圆形巷道围岩中应力与应变演变分析. 岩土力学, 33(增刊2): 316-317.

王学滨, 潘一山, 张智慧. 2012d. 基于加荷和卸荷模型的分区破裂化初步模拟及空间局部化机理. 辽宁工程技术大学学报(自然科学版), 31(1): 1-7.

王学滨, 杜亚志, 潘一山, 等. 2013a. 基于 DIC 粗-细搜索方法的单向压缩砂样的侧向变形观测研究. 工程力学, 30(4): 184-190.

王学滨, 杜亚志, 潘一山, 等. 2013b. 大位移 DIC 方法及含孔洞砂土试样拉伸局部化带宽度观测. 应用基础与工程科学学报, 21(5): 908-917.

王学滨, 顾路, 马冰, 等. 2013c. 断层系统中危险断层识别的频次—能量方法及数值模拟. 地球物理学进展, 28(5): 2739-2747.

王学滨, 杜亚志, 潘一山. 2014. 单轴压缩湿砂样局部及整体体积应变的数字图像相关方法观测. 岩土工程学报, 36(9): 1648-1656.

王学滨, 杜亚志, 潘一山, 等. 2015. 基于数字图像相关方法的等应变率下不同含水率砂样剪切带观测. 岩土力学, 36(3): 625-632.

王思敬. 2002. 岩石力学与工程的新世纪//中国岩石力学与工程学会. 中国岩石力学与工程学会第七次学术大会. 北京: 中国科学技术出版社: 1-3.

王宝善, 李娟, 陈颙. 2004. 高孔隙岩石局部化变形研究新进展. 地球物理学进展, 19(2): 222-229.

王凯英, 马瑾. 2004. 川滇地区断层相互作用的地震活动证据及有限元模拟. 地震地质, 26(2): 259-271.

吴玉山, 林卓英. 1987. 单轴压缩下岩石破坏后区力学特性的试验研究. 岩土工程学报, 9(1): 23-31.

谢和平, 刘夕才, 王金安. 1996. 关于 21 世纪岩石力学发展战略的思考. 岩土工程学报, 18(4): 98-102.

徐曾和, 李宏, 徐曙明. 1996. 矿井岩爆及其失稳理论. 中国安全科学学报, 6(5): 9-14.

徐志伟, 殷宗泽. 2000. 粉砂侧向变形特性的真三轴试验研究. 岩石力学与工程学报, 19(5): 626-629.

徐思朋, 缪协兴. 2001. 冲击地压的时间效应研究现状. 矿业安全与环保, 28(2): 27-29.

徐松林, 吴文, 李廷, 等. 2001. 三轴压缩大理岩局部化变形的试验研究及其分岔行为. 岩土工程学报, 23(3): 296-301.

徐连民. 2005. 剪切带形成过程中的边界约束和加载速度效应. 水利学报, 36(1): 9-15.

徐涛, 于世海, 王述红. 2005. 岩石细观损伤演化与损伤局部化的数值研究. 东北大学学报(自然科学版), 26(2): 160-163.

杨强, 陈新, 周维垣, 等. 2002. 拱坝的弹塑性局部化分析. 水利学报, 33(12): 20-25.

杨圣奇, 徐卫亚. 2004. 岩石尺寸效应及其机理研究//任青文. 岩土力学前沿 2004. 南京: 河海大学出版社: 179-193.

杨圣奇, 徐卫亚, 苏承东. 2005. 考虑尺寸效应的岩石损伤统计本构模型研究. 岩石力学与工程学报, 25(24): 86-92.

尹光志, 鲜学福. 1999. 岩石在平面应变条件下剪切带的分叉分析. 煤炭学报, 24(4): 364-367.

殷有泉. 2011. 岩石力学与岩石工程的稳定性. 北京: 北京大学出版社.

殷有泉, 张宏. 1984. 断裂带内介质的软化特性和地震的非稳定模型. 地震学报, 6(2): 135-145.

殷有泉, 郑顾团. 1988. 断层地震的尖角型突变模型. 地球物理学报, 31(6): 657-663.

殷有泉, 杜静. 1994a. 地震过程的燕尾型突变模型. 地震学报, 16(4): 416-422.

殷有泉, 杜静. 1994b. 对一个地震突变模型的讨论. 中国地震, 10(4): 363-370.

尤明庆. 2000. 岩石试样的强度及变形破坏过程. 北京: 地质出版社.

尤明庆, 华安增. 1998. 岩石试样单轴压缩的破坏形式与承载能力的降低. 岩石力学与工程学报, 3(6): 292-296.

喻葭临, 于玉贞, 张丙印, 等. 2012. 土坡中剪切带形成过程的数值模拟. 工程力学, 29(2): 165-171.

乐晓阳, 谭国焕, 李启光, 等. 1999. 节理岩体圆形洞室岩爆过程的离散元分析和模拟. 岩石力学与工程学报, 18(6): 676-679.

钟晓雄, 袁建新. 1992. 颗粒材料的剪胀模型, 岩石力学, 13(1): 1-10.

曾亚武, 陶振宇, 赵震英. 1999. 岩石损伤变形的分叉和稳定性分析. 岩石力学与工程学报, 18(增): 1310-1313.

曾亚武, 陶振宇, 邬爱清. 2000. 用能量准则分析试验机—试样系统的稳定性. 岩石力学与工程学报, 19(增1): 863-867.

曾亚武, 赵震英, 朱以文, 等. 2002. 岩石材料破坏形式的分叉分析. 岩石力学与工程学报, 21(7): 948-952.

曾亚武, 黎玲, 熊俊, 等. 2012. 基于塑性体积应变的梯度塑性理论研究. 长江科学院院报, 29(8): 7-11, 51.

赵吉东, 周维垣, 刘元高, 等. 2002. 岩石类材料应变梯度损伤模型研究及应用. 水利学报, 33(7): 70-74.

赵进勇, 章青, 邵国建, 等. 2002. 用干扰能量法模拟边坡失稳过程. 岩土工程学报, 24(3): 369-370.

赵锡宏, 张启辉. 2003. 土的剪切带试验与数值分析. 北京: 机械工业出版社.

赵纪生, 陶夏新, 师黎静, 等. 2004. 局部加载条件下二维土质边坡稳定性的数值分析. 岩土力学, 25(7): 1063-1067, 1071.

赵冰, 李宁, 盛国刚. 2005. 软化岩土介质的应变局部化研究进展. 岩土力学, 26(3): 494-499.

张农, 侯朝炯, 陈庆敏, 等. 1998. 岩石破坏后的注浆固结体的力学性能. 岩土力学, 19(3): 49-53.

张我华. 1999. 煤/瓦斯突出过程中煤介质局部化破坏的损伤机理. 岩土工程学报, 21(6): 731-736.

张洪武, 张伟新. 2000. 基于广义塑性本构模型的饱和多孔介质应变局部化分析. 岩土工程学报, 22(1): 23-29.

张洪武, 张新伟, 顾元宪, 等. 2001. 基于梯度塑性理论的动力软化问题分析. 振动工程学报, 14(2): 135-139.

张启辉, 赵锡宏. 2002. 黏性土局部化剪切带变形的机理研究. 岩土力学, 23(1): 31-35.

张东明. 2004. 岩石变形局部化及失稳破坏的理论与实验研究. 重庆: 重庆大学.

章梦涛. 1987. 冲击地压失稳理论与数值模拟计算. 岩石力学与工程学报, 6(3): 197-204.

章梦涛, 潘一山, 梁冰, 等. 1995. 煤岩流体力学. 北京: 科学出版社.

甄文战, 孙德安, 段博. 2011. 不同应力路径下超固结黏土试样变形局部化分析. 岩土力学, 32(1): 293-298.

郑宏, 葛修润, 李焯芬. 1997. 脆塑性岩体的分析原理及其应用. 岩石力学与工程学报, 16(2): 8-21.

郑颖人, 沈珠江, 龚晓南. 2002. 岩土塑性力学原理. 北京: 中国建筑工业出版社.

周维垣. 1990. 高等岩石力学. 北京: 水利电力出版社.

周维垣. 2010. 岩体工程结构的稳定性. 岩石力学与工程学报, 29(9): 1729-1753.

周德培, 洪开荣. 1995. 太平驿隧洞岩爆特征及防治措施. 岩石力学与工程学报, 14(2): 171-178.

周硕愚, 梅世蓉, 施顺英, 等. 1997. 用地壳形变图象动力学研究震源演化复杂过程. 地壳形变与地震, 17(3): 1-9.

周国林, 谭国焕, 李启光, 等. 2001. 剪切破坏模式下岩石的强度准则. 岩石力学与工程学报, 20(6): 753-762.

周健, 池永. 2003. 砂土力学性质的细观模拟. 岩土力学, 24(6): 901-906.

朱兆祥. 1993. 材料和结构失稳现象研究的历史和现状//中国力学学会办公室. 材料和结构的不稳定性. 北京: 科学出版社: 1-6.

朱俊高, 卢海华, 殷宗泽. 1995. 土体侧向变形性状的真三轴试验研究. 河海大学学报, 23(6): 28-33.

朱建明, 徐秉业, 岑章志. 2001. 岩石类材料峰后滑移剪胀变形特征研究. 力学与实践, 23(5): 19-22.

朱珍德, 张爱军, 徐卫亚. 2002. 脆性岩石全应力—应变过程渗流特性试验研究. 岩土力学, 23(5): 555-558, 563.

卓家寿, 邵国建, 陈振雷. 1997. 工程稳定问题中确定滑塌面、滑向与安全度的干扰能量法. 水利学报, 28(8): 79, 80-84.

卓燕群, 郭彦双, 汲云涛, 等. 2013. 平直走滑断层亚失稳状态的位移协同化特征—基于数字图像相关方法的实验研究. 中国科学: 地球科学, 43(10): 1643-1650.

Alber M, Hauptfleisch U. 1999. Generation and visualization of microfractures in Carrara marble for estimating fracture toughness, fracture shear and fracture normal stiffness. International Journal of Rock Mechanics & Mining Sciences, 36(8): 1065-1071.

Alehossein H, Korinets A. 2000. Mesh-independent finite difference analysis using gradient-dependent plasticity. Communications in Numerical Methods in Engineering, 16(5): 363-375.

Alshibli K A, Sture S. 1999. Sand shear band thickness measurements by digital imaging techniques. Journal of Computing in Civil Engineering, ASCE, 13(2): 103-109.

Alshibli K A, Sture S. 2000. Shear band formation in plane strain experiments of sand. Journal of Geotech and Geoenvironmental Engineering, ASCE, 126(6): 495-503.

Alsiny A, Vardoulakis I, Drescher A. 1992. Deformation localization in cavity inflation experiments on dry sand. Géotechnique, 42(3): 395-410.

Askes H, Pamin J, de Borst R. 2000. Dispersion analysis and element-free Galerkin solutions of second and fourth-order gradient-enhanced damage models. International Journal for Numerical Methods in Engineering, 49(6): 811-832.

Bardet J P, Proube J. 1992. Shear-band analysis in idealized granular material. Journal of Engineering Mechanics., ASCE, 118(2): 397-415.

Batra R C, Kim C H. 1992. Analysis of shear banding in twelve materials. International Journal of Plasticity, 8(4): 425-452.

Bažant Z P, Chen E P. 1999. Scaling of structural failure. Advances In Mechanics, 29(3): 383-433.

Bažant Z P, Panula L. 1978. Statistical stability effects in concrete failure. Journal of Engineering Mechanics, ASCE, 104(5): 1195-1212.

Bažant Z P, Pijaudier-Cabot G. 1988. Nonlocal continuum damage, Localization instability and convergence. Journal of Applied Mechanics, ASME, 55(2): 287-293.

Bažant Z P, Pijaudier-Cabot G. 1989. Measurement of characteristic length of nonlocal continuum. Journal of Engineering Mechanics, ASCE, 115(4): 755-767.

Bažant Z P, Xiang Y, Adley M D. 1996. Microplane model for concrete: II data delocalization and verification. Journal of Engineering Mechanics, ASCE, 122 (3): 255-265.

Bažant Z P. 1976. Instability, ductility and size effect in strain-softening concrete. Journal of Engineering Mechanics, ASCE, 102 (2): 331-344.

Bažant Z P. 1988. Softening instability: part I-localization into a planar band. Journal of Applied Mechanics ASME, 55 (3): 517-522.

Bažant Z P. 1989. Identification of strain-softening constitutive relation from uniaxial tests by series coupling model for localization. Cement & Concrete Research, 19 (6): 973-977.

Bažant Z P. 1994. Size effect in fiber or bar pullout with interface softening slip. Journal of Engineering Mechanics, ASCE, 120 (9): 1945-1962.

Besuelle P, Desrues J, Raynaud S. 2000. Experimental characterisation of the localisation phenomenon inside a Vosges sandstone in a triaxial cell. International Journal of Rock Mechanics & Mining Sciences, 37 (8): 1223-1237.

Borst D R, Mühlhaus H B. 1992. Gradient-dependent plasticity: formulation and algorithmic aspects. International Journal for Numerical Methods in Engineering, 35 (3): 521-539.

Chen Rui, Stimpson B. 1997. Simulation of deformation and fracturing in potash yield pillars, Vanscoy, Saskatchewan. Canadian Geotechnical Journal , 34 (2): 283-292.

Choi S, Thienel K C, Shah S P. 1996. Strain softening of concrete in compression under different end constraints. Magazine of Concrete Research, 48 (175): 103-115.

Cividini A, Gioda G . 1992. A finite element analysis of direct shear tests on stiff clays. International Journal for Numerical and Analytical Methods in Geomechanics, 16 (12): 869-886.

Cook N G W. 1965. The failure of rock. International Journal of Rock Mechanics & Mining Sciences, 2: 389-404.

Cundall P A. 1989. Numerical experiments on localization in frictional material. Ingenigeur-Archiv, 59 (2): 148-159.

Desai C S, Kundu T, Wang G . 1990. Size effect on damage parameters for softening in simulated rock. International Journal for Numerical & Analytical Methods in Geomechanics, 14 (7): 509-517.

Desrues J. 1998. Localization patterns in ductile and brittle geomaterials//de Borst R, van der Giessen E. Material Instabilities in Solids. New York: Wiley-Interscience-Europe: 137-158.

Desues J, Chambon M, Mokni M. 1996. Void ratio evolution inside shear bands in triaxial sand specimens studied by computed tomography. Géotechniques, 46 (3): 1-18.

Eringen A C, Edelen D G B. 1972. On nonlocal elasticity. International Journal of Engineering Science, 10 (3): 233-248.

Ewy R T, Cook N G W. 1990. Deformation and fracture around cylindrical openings in rock-I. Observation and analysis of deformations. International Journal of Rock Mechanics & Mining Sciences, 27 (5): 387-407.

Fang Z, Harrison J P. 2002. Numerical analysis of progressive fracture and associated behaviour of mine pillars by use of a local degradation model. Trans Instn Min Metall (Sect. A: Min Technol), 111 (1): 59-72.

Finno R J, Harris W W, Mooney M A, et al. 1997. shear bands in plane strain compression of loose sand. Géotechnique, 47 (1): 149-165.

Fleck N A, Hutchinson J W. 1993. A phenomenological theory for strain gradient effects in plasticity. Journal of the Mechanics & Physics of Solids, 41 (12): 1825-1857.

Fu X Y, Rigney D A, Falk M L. 2003. Sliding and deformation of metallic glass: experimental and MD simulation. Journal of Non-crystalline Solids, 317 (1-2): 206-214.

Gao H, Huang Y, Nix W D, et al. 1999. Mechanism-based strain gradient plasticity-I. Theory. Journal of the Mechanics & Physics of Solids, 47 (6): 1239-1263.

Guenot A. 1989. Borehole breakouts and stress fields. International Journal of Rock Mechanics & Mining Sciences, 26 (3-4): 185-195.

Han F, Vardoulakis I. 1991. Plane-strain compression experiments on water-saturated fine-grained sand. Géotechnique, 41 (1): 49-78.

He C, Okubo S, Nishimatsu Y. 1990. A study on the class II behavior of rock. Rock Mechanics & Rock Engineering, 23 (4): 261-273.

Huang W, Bauer E. 2003. Numerical investigations of shear localization in a micro-polar hypoplastic material. International Journal for Numerical & Analytical Methods in Geomechanics, 27 (4): 325-352.

Huang W, Nubel K, Bauer E. 2002. Polar extension of a hypoplastic model for granular materials with shear localization. Mechanics of Materials, 34 (9): 563-576.

Hudson J A, Crouch S L, Fairhurst C. 1972. Soft, stiff and servo-controlled testing machanics: a review with reference to rock failure. Engineering Geology, 6 (3): 155-189.

Jansen D C, Shah S P. 1997. Effect of length on compressive strain softening of concrete. Journal of Engineering Mechanics, ASCE, 123 (1): 25-35.

Jewell R A. 1989. Direct shear tests on sand. Géotechnique, 39 (2): 309-322.

Jewell R A, Wroth C P. 1987. Direct shear tests on reinforced sand. Géotechnique, 37 (1): 51-68.

Johnson G R. 1985. Fracture characteristics of three metals subjected to various strains, strain rates, temperatures and pressures. Engineering Fracture Mechanics, 21 (1): 31-48.

Kachanov L M. 1971. Foundations of the theory of plasticity. London: North-Holland Publication Company-Amsterdam.

Kaiser P K, Tang C A. 1998. Numerical simulation of damage accumulation and seismic energy release during brittle rock failure, Part II: rib pillar collapse. International Journal of Rock Mechanics & Mining Sciences, 35 (2): 123-134.

Krajcinovic D, Silva M. 1982. Statistical aspects of the continuous damage theory. International Journal of Solids & Structures, 18 (7): 551-562.

Kuhl E, Ramm E, de Borst R D. 2000. An anisotropic gradient damage model for quasi-brittle materials. Computer Methods in Applied Mechanics & Engineering, 183 (1-2): 87-98.

Labuz J F, Biolzi L. 1991. Class I vs class II stability: a demonstration of size effect. International Journal of Rock Mechanics & Mining Sciences, 28 (2-3): 199-205.

Labuz J F, Dai S T, Papamichos E. 1996. Plane-strain compression of rock-like materials. International Journal of Rock Mechanics & Mining Sciences, 33 (6): 573-584.

Lade P V. 1989. Experimental observations of stability, instability, and shear planes in granular materials. Ingenieur-Archiv, 59 (2): 114-123.

Lee J, Salgado R, Carraro J A H. 2004. Stiffness degradation and shear strength of silty sands. Canadian Geotechnical Journal, 41 (5): 831-843.

Lee Y H, Willam K. 1997. Mechanical properties of concrete in uniaxial compression. Aci Materials Journal, 94 (6): 457-471.

Lei X L, Masuda K, Nishizawa O, et al. 2004. Three typical stages of acoustic emission activity during the catastrophic fracture of heterogeneous faults in jointed rocks. Journal of Structural Geology, 26: 247-258.

Li X K, Cescotto S. 1996. Finite element method for gradient plasticity at large strains. International Journal for Numerical Methods in Engineering, 39(4): 619-633.

Liao S C, Duffy J. 1998. Adiabatic shear bands in a Ti-6Al-4V titanium alloy. Journal of the Mechanics & Physics of Solids, 46(11): 2201-2231.

Linkov A M. 1996. Rockburst and instability of rock masses. International Journal of Rock Mechanics & Mining Sciences, 33(7): 727-732.

Markeset G, Hillerborg A. 1995. Softening of concrete in compression localization and size effects. Cement & Concrete Research, 25(4): 702-708.

Masson S, Martinez J. 2001. Micro-mechanical analysis of the shear behavior of a granular material. Journal of Engineering Mechanics, 127(10): 1007-1016.

Mendis P, Pendyala R, Setunge S. 2000. Stress-strain model to predict the full-range moment curvature behavior of high-strength concrete sections. Magazine of Concrete Research, 52(4): 227-234.

Michalowski R L, Shi L. 2003. Deformation patterns of reinforced foundation sand at failure. Journal of Geotechnical and Geoenvironmental Engineering, 129(6): 439-449.

Mokgokong P S, Peng S S. 1991. Investigation of pillar failure in the Emaswati coal mine, Swaziland. International Journal of Rock Mechanics & Mining Science, 12(2): 113-125.

Molenkamp F. 1985. Comparison of frictional material models with respect to shear band initiation. International Journal of Rock Mechanics & Mining Sciences, 35(2): 127-143.

Morrow C, Byerlee J D. 1989. Experimental studies of compaction and dilatancy during frictional sliding on faults containing gouge. Journal of Structural Geology, 11(7): 815-825.

Műhlhaus H B, Aifantis E C. 1991. A variational principle for gradient plasticity. International Journal of Solids & Structures, 28(7): 845-858.

Műhlhaus H B, Vardoulakis I. 1987. The thickness of shear bands in granular materials. Geotechnique, 37(3): 271-283.

Oda M, Kazama H. 1998. Microstructure of shear bands and its relation to the mechanisms of dilatancy and failure of dense granular soils. Geotechnique, 48(4): 465-481.

Oda M, Iwashita K. 2000. Study on couple stress and shear band development in granular media based on numerical simulation analyses. International Journal of Engineering Science, 38(15): 1713-1740.

Okubo S, Nishimatsu Y. 1985. Uniaxial compression testing using a linear combination of stress and strain as the control variable. International Journal of Rock Mechanics & Mining Sciences, 22(5): 323-330.

Ord A, Vardoulakis I, Kajewski R. 1991. Shear band formation in Gosford sandstone. International Journal of Rock Mechanics & Mining Sciences, 28(5): 397-409.

Ortlepp W D, Stacey T R. 1994. Rockburst mechanisms in tunnels and shafts. Tunnelling and Underground Space, 9(1): 5-65.

Ottosen N S. 1986. Thermodynamic consequences of strain softening in tension. Journal of Engineering Mechanics, 112(11): 1152-1164.

Pamin J, de Borst R. 1995. A gradient plasticity approach to finite element predictions of soil instability. Archives of Mechanics, 47(2): 353-377.

Pan Y S, Wang X O, Li ZH. 2002. Analysis of the strain softening size effect for rock specimens based on shear strain gradient plasticity theory. International Journal of Rock Mechanics & Mining Sciences, 39(6): 801-805.

Peerlings R H J, de Borst R, Brekelmans W A M, et al. 1996. Gradient enhanced damage for quasi-brittle materials. International Journal for Numerical Methods in Engineering, 39 (19): 3391-3403.

Peerlings R H J, Geers M G D, de Borst R, et al. 2001. A critical comparison of nonlocal and gradient-enhanced softening continua. International Journal of Solids & Structures, 38 (44-45): 7723-7746.

Petukhov I M, Linkov A M. 1979. The theory of post-failure deformation and the problem of stability in rock mechanics. International Journal of Rock Mechanics & Mining Sciences, 16 (2): 57-76.

Pietruszczak S, Mroz Z. 1981. Finite element analysis of deformation of strain-softening materials. International Journal for Numerical Methods in Engineering, 17 (3): 327-334.

Pijaudier Cabot G, Bažant Z P. 1987. Nonlocal damage theory. Journal of Engineering Mechanics, 113 (10): 15l2-1533.

Potts D M, Dounias G T, Vaughan P R. 1987. Finite element analysis of the direct shear box test. Geotechnique, 37 (1): 11-23.

Ramsay J G, Huber M I. 1983. The techniques of modern structural geology, Volume 1: strain analysis. New York: Academic Press.

Rokugo K, Koyanagi W. 1992. Role of compressive fracture energy of concrete on the failure behaviour of reinforced concrete beams//Application of fracture mechanics to reinforced concrete. Elsevier Applied Science: 437-364.

Roscoe K H. 1970. The influence of strains in soil mechanics. Geotechnique, 20 (2): 129-170.

Salamon M D G. 1970. Stability, instability and design of pillar workings. International Journal of Rock Mechanics & Mining Sciences, 7 (6): 613-631.

Schreyer H L. 1990. Analytical solutions for nonlinear strain-gradient softening and localization. Journal of Applied Mechanics, 57 (3): 522-528.

Schreyer H L, Chen Z. 1986. One dimensional softening with localization. Journal of Applied Mechanics, 53 (4): 791-797.

Sharma S S, Fahey M. 2003. Degradation of stiffness of cemented calcareous soil in cyclic triaxial tests. Journal of Geotechnical & Geoenvironmental Engineering, 129 (7): 619-629.

Shemyakin E I, Fisenko G L, Kurlenya M V, et al. 1986. Zonal disintegration of rocks around underground workings, Part II: Rock fracture simulated in equivalent materials. Journal of Mining Science, 22(4): 223-232.

Shi M X, Huang Y, Hwang K C. 2000. Plastic flow localization in mechanism-based strain gradient plasticity. International Journal of Mechanical Sciences, 42 (11): 2115-2131.

Shibuya S, Mitachi T, Tamate S. 1997. Interpretation of direct shear box testing of sands as quasi-simple shear. Geotechnique, 47 (6): 769-790.

Sture S, Ko H Y. 1978. Strain-softening of brittle geological materials. International Journal for Numerical & Analytical Methods in Geomechanics, 2 (3): 237-253.

Subramaniam K V. 1998. Testing concrete in torsion: instability analysis and experiments. Journal of Engineering Mechanics, 124 (11): 1258-1268.

Tang C A, Tham L G, Lee P K K, et al. 2000. Numerical studies of the influence of microstructure on rock failure in uniaxial comp ression-Part II: constraint, slenderness and size effect. International Journal of Rock Mechanics & Mining Sciences, 37 (4): 571-583.

Tatsuoka F, Nakamura S, Huang G C, et al. 1990. Strength anisotropy and shear band direction in plane strain tests on sand. Soils and Foundations -Tokyo, 30 (1): 35-54.

Tejchman J. 2005. FE analysis of shearing of granular bodies in a direct shear box. Particulate Science & Technology, 23 (3): 229-248.

Tejchman J, Gudehus G . 2001. Shearing of a narrow granular layer with polar quantities. International Journal for Numerical & Analytical Methods in Geomechanics, 25 (1): 1-28.

Tejchman J, Wu W. 1997. Dynamic patterning of shear bands in Cosserat continuum. Journal of Engineering Mechanics, 123(2): 123-133.

Tvergaard V, Needleman A. 1995. Effects of nonlocal damage in porous plastic solids. International Journal of Solids & Structures, 32 (8-9): 1063-1077.

van den Hoek P J. 2001. Prediction of different type of cavity failure using bifurcation theory//Tinucci J P, Heasley K A (Eds). Rock Mechanics in the National Interest. Swets and Zeitlinger: Lisse: 45-52.

van Mier J G M. 1984. Strain softening of concrete under multiple loading conditions. The Netherlands: Edinhoven University of Technology.

van Mier J G M. 1986. Multiaxial strain-softening of concrete. Materials and Structures, 19 (111): 179-191.

van Mier J G M, Shah S P, Arnaud M, et al. 1997. Strain-softening of concrete in uniaxial compression. Materials and Structures, 30 (198): 195-209.

van Vliet M R A, van Mier J G M. 1996. Experimental investigation of concrete fracture under uniaxial compression. Mechanics of Cohesive-Frictional Materials, 1 (1): 115-127.

Vardoulakis I. 1980. Shear band inclination and shear modulus of sand in biaxial tests. International Journal for Numerical & Analytical Methods in Geomechanics, 4 (2): 103-119.

Vardoulakis I. 1996. Deformation of water-saturated sand: II. Effect of pore water flow and shear banding. Geotechnique, 46 (3): 457-472.

Vardoulakis I. 2002. Dynamic thermo-poro-mechanical analysis of catastrophic landslides. Geotechnique, 52 (3): 157-171.

Vardoulakis I, Aifantis E. 1991. A gradient flow theory of plasticity for granular materials. Acta Mechanica, 87 (3-4): 197-217.

Vonk R. 1992. Softening of concrete loaded in compression. The Netherlands: Edinhoven University of Technology.

Wang X B, Pan Y S. 2002. Size effect and snap back based on conservation of energy and gradient-dependent plasticity//Lin Y M, Tang C, Feng X T, et al. eds. Second International Symposium on New Development in Rock Mechanics and Rock Engineering. New Jersey: Rinton Press: 89-92.

Wang X B, Ma J, Liu L Q. 2010. Numerical simulation of failed zone propagation process and anomalies related to the released energy during a compressive jog intersection. Journal of Mechanics of Materials and Structures, 5 (6): 1007-1022.

Wang X B, Ma J, Liu L Q. 2012. A comparison of mechanical behavior and frequency-energy relations for two kinds of echelon fault structures through numerical simulation. Pure and Applied Geophysics, 169(11): 1927-1945.

Wang X B, Ma J, Liu L Q. 2013. Numerical simulation of large shear strain drops during jog failure for echelon faults based on a heterogeneous and strain-softening model. Tectonophysics, 608(6): 667-684.

Wawersik W R, Fairhurst C. 1970. A study of brittle rock fracture in laboratory compression experiments. International Journal of Rock Mechanics & Mining Sciences, 7 (5): 561-575.

Wong T F. 1982. Shear fracture energy of westerly granite from post-failure behavior. Journal of Geophysical Research Solid Earth, 87 (B2): 990-1000.

Wong R C K. 2000. Shear deformation of locked sand in triaxial compression. Geotechnical Testing Journal, 23 (2): 158-170.

Xu Z H, Xu X H. 1996. A cusp catastrophe, precursors pattern and evolution process of rockburst of coal pillar under a hard rock subject to elastic support. Journal of Coal Science & Engineering, 2 (1): 24-31.

Xu Y B, Zhong W L, Chen Y J, et al. 2001. Shear localization and recrystallization in dynamic deformation of 8090 Al-Li alloy. Materials Science & Engineering A, 299 (1-2): 287-295.

Yuan H, Chen J. 2004. Comparison of computational predictions of material failure using nonlocal damage models. International Journal of Solids & Structures, 41 (3-4): 1021-1037.

Yumlu M, Ozbay M U. 1996. Study of the behaviour of brittle rocks under plane strain and triaxial loading conditions. International Journal of Rock Mechanics & Mining Sciences, 33 (6): 573-584.

Zbib H, Aifantis E C. 1989. On the localization and postlocalization behavior of plastic deformation-I, On the initiation of shear bands. Res Mechanica, 23(2): 261-277.

Zervos A, Papanastasiou P, Vardoulakis I. 2001. A finite element displacement formulation for gradient elastoplasticity. International Journal for Numerical Methods in Engineering, 50 (6): 1368-1388.

Zhang H W, Schrefler B A. 2000. Gradient-dependent plasticity model and dynamic strain localization analysis of saturated and partially saturated porous media: one-dimensional model. European Journal of Mechanics-A/Solids, 19 (3): 503-524.

Zhang C H, Wang G L, Wang SM, et al. 2002. Experimental tests of rolled comp acted concrete and nonlinear fracture analysis of rolled compacted concrete dams. Journal of Materials in Civil Engineering, 14 (2): 108-115.

Zhao Q, Lisjak A, Mahabadi O, et al. 2014. Numerical simulation of hydraulic fracturing and associated microseismicity using finite-discrete element method. Journal of Rock Mechanics and Geotechnical Engineering, 6(6): 574-581.